Ihr Hobby

Kornnattern

Petra Dietz & Eva-Grit Schneider

bede bei Ulmer

Unterstützung: Marcel René Meißner und Michael Schaub.

Bildquellen
Titelfoto: Christine Steimer
Alle Fotos stammen von Christine Steimer.

Bibliografische Information der Deutschen Nationalbibliothek
Die Deutsche Nationalbibliothek verzeichnet diese Publikation in der Deutschen Nationalbibliografie; detaillierte bibliografische Daten sind im Internet über http://dnb.d-nb.de abrufbar.

Wollgrasweg 41, 70599 Stuttgart (Hohenheim)
E-Mail: info@ulmer.de
Internet: www.ulmer.de
Umschlaggestaltung: Sojus Design, Kai Twelbeck, Stuttgart
Druck und Bindung: Westermann Druck, Zwickau
Printed in Germany

ISBN 978-3-8001-6932-0

Inhaltsverzeichnis

Einleitung

Sie ist eine faszinierende Schönheit und eine der beliebtesten Terrarienschlangen weltweit. Die Kornnatter ist nicht nur äußerst ansprechend, sondern auch relativ einfach zu halten. Daher ist diese nordamerikanische Kletternatter gerade für Anfänger ein ideales „Hausreptil".

Die harmlose, eher zarte Würgeschlange fällt juristisch gesehen unter die Rubrik Kleintiere. So bestehen keine besonderen Anforderungen in Sachen Anschaffung und Haltung, wie es bei Giftschlangen oder Riesenschlangen, beispielsweise Pythons, der Fall ist.

Wer sich eine Kornnatter zulegen möchte, hat die Qual der Wahl. Mittlerweile gibt es zahlreiche Zuchtvariationen, die aufregende Farben und wunderschöne Zeichnungen hervorgebracht haben. Ob man sich für eine elegante helle Snow oder eine wildfarbene Schönheit wie die Okeetee begeistert, ist Geschmacksache.

Beheimatet sind die Kornnattern im Südosten der USA und an der Nordküste Mexikos. Neben der Kornnatter (*Pantherophis guttatus*) gibt es noch zwei Arten: die Präriekornnatter (*Pantherophis emoryi*) und die Slowinskis Kornnatter (*Pantherophis slowinskii*). Egal für welche Art und Zuchtform man sich entscheidet, man darf sich an einem ganz besonderen Heimtier erfreuen. Doch dafür „verlangt" die nacht- und dämmerungsaktive Schlange, dass man sie verantwortungsvoll und artgerecht hält.

Ein ausgefallener Anblick: die „Snow".

Schimmernde Haut, prächtige Farben. Kornnattern sind faszinierende Schlangen.

Jeder Kornnatterhalter in spe sollte sich darüber im Klaren sein, dass auch diese relativ anspruchslose Schlange Aufmerksamkeit benötigt. Zudem sollte man sich vorher Gedanken über die Ernährung machen. Das Verfüttern von toten oder sogar lebenden Tieren ist nicht jedermanns Sache.

Viele Schlangenliebhaber stoßen in ihrem Umfeld auf Unverständnis. Bestenfalls. Oft reagieren Mitmenschen auch mit Entsetzen auf dieses „merkwürdige" Hobby. Schlangenliebhaber können das Grauen, das ihre tierischen Schönheiten hervorrufen, nicht nachvollziehen. Sie sehen anmutige Lebewesen mit seidiger Haut in schimmernden Farben. Apropos Haut: Schlangenhaut ist nicht eklig glitschig, sondern trocken und so warm wie die Umgebung.

Von der optischen Schönheit des Schlangenmantels ganz zu schweigen. Und gerade hier ist die Kornnatter besonders bedacht worden. Viele Schlangenhalter sind so begeistert von der nordamerikanischen Kletternatter, dass sie sich noch weitere Exemplare anschaffen oder sogar vermehren. Wer als Terrarianer noch grün hinter den Ohren ist, ist auf Informationen, Tipps und Tricks angewiesen. Dieser Ratgeber hilft Ihnen dabei, Ansprüche und Verhalten Ihrer Kornnatter besser zu verstehen.

Pantheropis guttatus ist eine nordamerikanische Kletternatter.

Kornnattern

Geschichte

Früher einmal hatten Schlangen Beine. Das ist aber schon viele Millionen Jahre her. Die Evolution hatte eigene Pläne mit den Tieren und dabei waren Beine ein Störfaktor. Wissenschaftler glauben, dass sich Schlangen aus einer vierbeinigen Reptilienart entwickelten. Allerdings herrscht mittlerweile in Fachkreisen Uneinigkeit, ob dieser Prozess an Land oder im Wasser stattfand. Ganz genau lässt sich nicht bestimmen, wann aus den vierbeinigen Echsen schließlich beinlose Reptilien wurden. Denn ihre zarten Knochen und Wirbel hinterließen kaum brauchbare Fossilien. Man geht davon aus, dass es die ersten Schlangenarten bereits seit der Unter-Kreidezeit gibt (vor etwa 140 Millionen Jahre), vielleicht sogar schon seit der Jurazeit (vor 150 bis 200 Millionen Jahre).

Die Familie der Nattern gedieh übrigens prächtig. Sie nehmen bei der Vielfalt einen Spitzenplatz ein. Heute gibt es circa 300 Gattungen und etwa 1800 Arten.

Systematik

Die Kornnatter (*Pantherophis guttatus*) gehört wie alle Schlangen der Klasse der Reptilien an. Sie gehört zur Familie der Nattern (Colubridae) und der Gattung der Kletternattern. Die *Pantherophis guttatus* ist unterartenfrei, es gibt jedoch noch zwei weitere eigenständige Arten: Die *Pantherophis emoryi* und die *Pantherophis slowinskii*.

Tabelle Systematik Kornnatter:

Klasse:	Kriechtiere (Reptilien)
Ordnung:	Eigentliche Schuppenkriechtiere (*Squamata*)
Unterordnung:	Schlangen (*Serpentes*)
Überfamilie:	Natternartige (*Xenophidia*)
Familie:	Nattern (*Colubridae*)
Unterfamilie	Eigentliche Nattern (*Colubrinae*)
Gattung:	Nordamerikanische Kletternattern (*Pantherophis*)
Arten:	Kornnatter (*Pantherophis guttatus*) Präriekornnatter (*Pantherophis emoryi*) Slowinskis Kornnatter (*Pantherophis slowinskii*)

Lebensraum

Der natürliche Lebensraum all dieser Kornnatternarten ist die Ost- und Südküste der USA und der Nordosten Mexikos. Die Kornnatter ist ein anpassungsfähiges Reptil. Zwar bevorzugt sie trockene Regionen, aber man findet sie auch in feuchteren Gebieten. Sie lässt sich in Sumpfgebieten nieder, felsigen Regionen, in Laub- oder Kieferwäldern. Natürlich begibt sie sich auch in die Nähe von Menschen. Sie macht es sich dann unter anderem in Scheunen oder Ställen bequem.
Wenn sie nicht auf der Jagd ist, versteckt sie sich häufig in einem bodennahen Unterschlupf, beispielsweise in einem Kaninchen- oder Mäusebau. Aber auch Unterholz, Laubhaufen oder Steine sind beliebt. Als wechselwarmes Tier liebt und braucht sie Sonnenbäder. Die nötige Wärme holt sie sich unter anderem auf warmen Asphaltstraßen, vor allem in der Abenddämmerung. Nicht gerade ein ruhiges Plätzchen. Leider werden durch dies Verhalten viele Kornnattern überfahren.
Die Kornnatter ist aber nicht nur Jägerin, sondern auch Beute. Je jünger und kleiner die Schlange, desto größer ist die Gefahr gefressen zu werden. Für Greifvögel und kleinere Räuber sind die Nattern ein schmackhafter Happen.

Man findet Kornnattern in den unterschiedlichsten Lebensräumen.

Verhalten
Schlangen sind wechselwarme (poikilotherme) Tiere. Das heißt, sie können kaum selbstständig ihre Körpertemperatur beeinflussen. Ihr Stoffwechsel ist von der Außentemperatur abhängig. Die Schlange benötigt Wärme, um in Schwung zu kommen. Wird es jedoch zu warm, suchen sie ein schattigeres Plätzchen auf, um sich wieder abzukühlen. Allerdings können Reptilien nicht schwitzen.
Wird es den Kornnattern im Winter zu kalt, begeben sie sich in ein sicheres Versteck und halten Winterruhe. Sie bewegen sich kaum noch, und ihr Stoffwechsel läuft dann auf Sparflamme. Die Tiere benötigen in dieser Zeit keine Nahrung. In freier Wildbahn kann den Kornnattern die Winterstarre allerdings zum Verhängnis werden. Da sie relativ bewegungsunfähig sind, werden sie zu einer leichten Beute für ihre Feinde.
Im Terrarium muss die Winterpause nicht unbedingt eingelegt werden. Aber wer die Tiere möglichst artgerecht halten möchte, sollte dabei auch ihren Lebensrhythmus berücksichtigen (siehe auch Terrarium/Winterruhe). Das gilt vor allem, wenn man sie zur Fortpflanzung bringen möchte. Denn die etwa zwei- bis dreimonatige Winterruhe regt bei den Männchen die Spermienproduktion an. Etwa vier Wochen nach der winterlichen Pause sind dann beide Geschlechter in Fortpflanzungsstimmung.

Schlangen sind wechselwarm, sie sind von ihrer Umgebungstemperatur abhängig.

Fortbewegung
Wer glaubt, dass alle Schlangen schlängeln, irrt. So haben die beinlosen Reptilien noch andere Fortbewegungsmöglichkeiten wie Seitenwinden, Raupen- und Ziehharmonikakriechen. Die Kornnatter schlängelt tatsächlich. Wellenartige Muskelkontraktionen bringen das Tier voran. Dabei kann die Kornnatter ein ziemliches Tempo vorlegen, vor allem auf der Flucht.
Dass die Schlangen scheinbar mühelos dahingleiten, haben sie ihrem hoch entwickelten Bewegungsapparat zu verdanken. Dabei kann man sogar sagen, dass sie „laufen“ – und zwar mit ihren Rippen. Diese stemmen sie in den Boden und drücken sich dann wieder ab. Für den Beobachter sind das fließende Vorwärtsbewegungen. Doch legt man eine Schlange auf einen extrem glatten Untergrund, beispielsweise auf eine Glasscheibe, kommt sie nur langsam voran. Sie hat Probleme, sich auf einer Oberfläche ohne Unebenheiten abzudrücken.
Wenn die Kornnatter klettert, kommt das Ziehharmonikakriechen zum Einsatz. So schiebt sie sich selbst einen Baum hinauf. Dabei wird der Körper abwechselnd lang gestreckt und „zusammengeschoben“. Streckt sich die Schlange, hakt sie ihre hochstehenden Bauchschilde wie Steigeisen in vorhandene Unebenheiten. Der restliche Teil des Körpers, der nicht eingehakt ist, wird dann nachgezogen. Das funktioniert aufwärts ebenso mühelos wie abwärts. Würden wir Menschen kopfüber einen Abhang hinunterkriechen, würde uns das Blut in den Kopf

Die Kornnatter bewegt sich schlängelnd fort.

schießen. Lange könnten wir das nicht aushalten. Die Kornnatter hat damit kein Problem. Ihr Herzkreislaufsystem ist so konzipiert, dass der Körper auch in senkrechter Haltung oder Bewegung ausreichend und gleichmäßig durchblutend wird.

Wenn die Schlange „sauer" ist
Normalerweise sind Kornnattern handzahm. Das heißt, sie lassen sich problemlos in die Hand nehmen. Aber auch eine sonst friedliche Kornnatter kann mal aggressiv werden, zum Beispiel wenn sie sich bedroht fühlt. Wenn die Schlange „schlecht drauf" ist, zeigt sie das deutlich: Der Vorderteil ihres Körpers windet sich in S-Form, sie zischt, rasselt mit dem Schwanz und versucht vielleicht sogar zu beißen.

Was hat die Kornnatter mit Korn zu tun?
Früher meinte man, die deutsche Bezeichnung „Kornnatter" hätte etwas mit der Vorliebe des Tieres für Mäuse und Ratten zu tun. Da man sie häufig in der Nähe von Kornfeldern findet, wo sie die Nager jagt, lag der Schluss nahe. Heute weiß man, dass die Bauchseite des Tieres bei der Namensgebung eine Rolle spielte. Die regelmäßig gemusterten Bauchplatten der Schlange erinnern an einen Maiskolben. Und Mais heißt auf Englisch „corn".

Die Bauchunterseite dieser „Miami-Wildform" weist das typische Schachbrettmuster auf.

Anatomie

Körper

Kornnattern werden zwischen 60 bis 130 cm lang. Es gibt aber auch Exemplare, die eine stattliche Länge von etwa 1,80 m erlangen, doch das ist eher die Ausnahme. Welche Länge das Tier erreicht, hängt von der Verfassung und Lebenserwartung ab. Schlangen wachsen nämlich ein Leben lang.

Wie bei allen Schlangen sieht der Körper so aus, als wäre er aus einem Guss. Körperabschnitte lassen sich nicht so deutlich erkennen, obwohl es diese gibt. So haben Schlangen auch einen Schwanz. Er beginnt dort, wo die Kloakenspalte sitzt. Diese Querspalte liegt auf der Bauchunterseite des Tieres. Darüber scheiden Schlangen Kot und Urin aus und legen die Eier ab.

Das Skelett der Schlange besteht aus Schädel, Rippen und Wirbeln. Letzteren haben sie ihre Beweglichkeit zu verdanken. Kornnattern haben über 300 Wirbel. Diese sorgen im Rückgrat für einen reibungslosen, schlängelnden Bewegungsablauf. Zum Vergleich: Der Mensch muss sich mit 32 Wirbeln begnügen.

Schädel

Die schlanken Tiere haben einen länglichen, schmalen Kopf. Nicht nur der Körper, sondern auch der Schädel ist sehr beweglich. Der Unterkiefer ist mit zwei elastischen Bändern eingehängt und kann bei Bedarf ausgeklinkt werden. Hinzu kommt eine äußerst flexible Kaumuskulatur. Dies ermöglicht dem Reptil auch verhältnismäßig große Tiere an einem Stück zu verschlingen. Das gilt sogar für Beutetiere, die im Umfang größer sind als die geschickte Jägerin. Ist das Futter verschluckt, macht die Schlange eine Kieferbewegung, die wie ein Gähnen

Der Schädel der Kornnatter ist länglich geformt. Ober- und Unterkiefer sind extrem beweglich.

aussieht. Dadurch wird der Kiefer wieder an Ort und Stelle gerückt.
Kornnattern sind Glattzähner. Heißt, sie haben keine Giftzähne und sind für den Menschen harmlos. Die Kornnatter benutzt ihre kleinen Zähne nicht, um die Beute zu töten oder gar zu zerbeißen. Sie hält ihr Opfer damit nur fest und schluckt es dann hinunter (siehe auch Ernährung).

Haut

Die Schlangenhaut ist ein Wunderwerk der Natur. Sie schimmert in traumhaft schönen Farben und Mustern – und ist nicht feucht. Die ledrige Haut fühlt sich fest und trocken an. Glitschig wäre sie nur, wenn sie durch die Haut atmen würden, wie es bei Amphibien der Fall ist. Schlangen aber atmen über die Lunge.
Die Schlangenhaut besteht aus drei Schichten: Der Oberhaut (Epidermis), der darunter liegenden Lederhaut (Corneum) und letztendlich der Unterhaut (Subcutis). Jede Hautschicht hat eine spezielle Funktion. Die Oberhaut ist eine schützende Hornschicht, bestehend aus Keratin. Dieser Hornstoff ist nicht in der Lage mitzuwachsen und nutzt sich mit der Zeit regelrecht ab. Das ist auch der Grund, warum sich eine Schlange regelmäßig häuten muss. Sie wirft die „abgenutzte" und zu klein gewordene Epidermis ab, um einer neuen und frischen Platz zu machen.
Die Lederhaut besteht aus elastischen Fasern und Bindegewebe. In ihr sind alle Versorgungssysteme enthalten: Muskeln, Blutgefäße, Nerven- und Sinneszellen und schließlich Farbpigmente, die der Schlange ihre charakteristische Färbung geben. Die Unterhaut hat nur die Aufgabe, Haut und Muskulatur zu verbinden.

Die schöne Haut ist absolut trocken.

Beschuppung

Das regelmäßige Schuppenkleid der Kornnatter ist leicht überlappend. Ein Schuppenrand liegt ein wenig auf dem darauffolgenden dachziegelartig auf. Die Schuppen sind im Kopfbereich etwas größer. Sie sind glatt und weisen nur einen feinen Kiel (Schuppenspitze) auf.
Auf der Unterseite finden sich längs angeordnet über 200 Bauchschilde. Diese bezeichnet man auch als Ventralia, Ventralschilde oder Bauchschienen. Als Kletternatter verfügt die Kornnatter über ganz besondere Bauchschienen. Ihre Ventralschilder sind nicht nur sehr beweglich, sondern seitlich auch leicht nach oben gebogen. Diese Mini-Steigeisen helfen ihr dabei, Bäume mit rauer Rinde zu erklimmen. Damit sind die Kornnattern perfekt an ihren Lebensraum angepasst.

Angeordnet wie Dachziegel: Die glatten Hautschuppen der Kornnatter sind leicht überlappend.

Häutung

Jede Schlange wächst ihr ganzes Leben lang, doch die Oberhaut (Epidermis) wächst nicht mit. Deshalb wird diese nach einer gewissen Zeit des Wachstums immer wieder abgestoßen. Wie oft sich die Schlange häutet, hängt von der Größe und dem Alter des Tieres ab. Das erste Mal häuten sich junge Schlangen etwa zehn Tage nach dem Schlüpfen. Die nächste Häutung kann dann schon wieder nach etwa vier Wochen anstehen. Je älter die Tiere werden, desto seltener häuten sie sich.

Eingeleitet wird die Häutung durch die Ansammlung einer hellen Flüssigkeit zwischen alter und neuer Haut. Diese bildet sozusagen eine Zwischenschicht und erleichtert das Abstreifen der alten Epidermis. Zeigt das Tier die ersten Anzeichen (trübe Augen) einer bevorstehenden Häutung, sollte sie nicht mehr gefüttert werden. Die meisten Schlangen verweigern vor einer Häutung die Nahrungsaufnahme ohnehin.

Die Häutung ist ein faszinierendes Erlebnis. Für die Schlange selber ist der Prozess allerdings mit Stress verbunden. In dieser Zeit ist ihr Sehvermögen beeinträchtigt, denn auch die Hornhaut der Linsen häutet sich. Die Linsen erscheinen trüb und die Augen nehmen eine milchige, bläuliche Farbe an. Daran kann man als Halter übrigens gut erkennen, dass die Häutung kurz bevorsteht. In der Häutungsphase sind die Tiere oft übellaunig und aggressiv.

Die Häutung beginnt immer im Kopfbereich. Die Schlange unterstützt den Häutungsvorgang, indem sie sich an festen Gegenständen, wie Büschen oder Ästen, reibt. Bleibt das Tier mit der alten Epidermis hängen, hat sie leichtes Spiel. Sie kann ihr Natternhemd, so nennt man die alte Haut, „aus-

Milchigtrübe Augen kündigen die Häutung an.

ziehen". Der gesamte Häutungsprozess kann sich über zwei Wochen hinzie-hen. Wie reibungslos die Häutung verläuft, hängt von mehreren Faktoren ab. Entscheidend dabei sind Temperatur und Luftfeuchtigkeit.

Achtung Hautwechsel

Das könnte auf eine bevorstehende Häutung hinweisen:

- Milchige Augen
- Hautfärbung wird matt und dunkler.
- Schlange frisst weniger oder gar nichts.
- Tier zeigt zunächst auffällig ruhiges, zurückgezogenes Verhalten.
- Nach ein paar Tagen wird die Schlange unruhig, reibt sich an Gegenständen.

Färbung

Kornnattern weisen auffallend schöne Färbungen auf. Diese verdanken sie den Pigmentzellen in ihrer Lederhaut, den Chromatophoren. In den sogenannten Melanophoren befinden sich braunschwarze Melamine. Die Lipophoren tragen rote und gelbe Lipoid-Farbstoffe, Allophoren rote Pigmente.

Seitdem Kornnattern in Terrarien gehalten und regelmäßig vermehrt werden, hat sich die Farbpalette der Tiere erweitert. Es erfolgt nun eine echte Züchtung mit Blick auf immer neue Farb- und Zeichnungsvarianten. Statt Sattelflecken sieht man mittlerweile auch längs gestreifte Exemplare. Begehrt sind die fälschlicherweise als sogenannte „Teilalbinos" bezeichneten Exemplare, denen ein oder zwei Pigmentgruppen fehlen.

Innere Organe

Durch die Körperform bedingt, sind die inneren Organe des Reptils sehr langgestreckt. Paarweise auftretende Organe liegen nicht nebeneinander, sondern hintereinander.

Im Verhältnis zu ihrer Körpergröße haben Schlangen ein relativ großes Lungenvolumen. Auffällig ist, dass der linke Lungenflügel verkümmert ist. Der rechte hingegen ist voll ausgebildet und reicht bis zu einem Luftsack, welcher Luft speichern kann. Wird die Luftröhre nach dem Fressen von einem Beutetier abgedrückt, sichert der Luftsack die Sauerstoffversorgung. Das Herz hat zwei Vorkammern und eine unvollständig geteilte Hauptkammer.

Schlangen haben hintereinander liegende Nieren, aber keine Harnblase. Ihre Harnleiter enden, wie auch Geschlechtsorgane und Enddarm, in der Kloake. Über diese Körperöffnung werden Kot und Urin ausgeschieden. Reptilien produzieren keinen Harnstoff, sondern nur Harnsäure. So wird der Wasserverlust bei der Ausscheidung reduziert.

Auch die Geschlechtsorgane der Reptilien treten paarweise auf. Das Männchen hat paarige Hemipenes, das Weibchen besitzt paarige Hemiclitores. Beim Fortpflanzungsakt kommt aber nur ein Hemipenis zum Zug. So ist das Tier sogar in der Lage, Nachwuchs zu zeugen, wenn eins seiner paarigen Geschlechtsorgane funktionsunfähig ist, beispielsweise aufgrund einer Verletzung.

Lebenswichtige Sauerstoffreserve: Dank eines speziellen Luftsacks muss die Schlange nicht ersticken, wenn ein verschlucktes Beutetier ihr die Luftröhre abdrückt.

Sinnesorgane

Riechen

Die platte Nase der Kornnatter spielt für die Wahrnehmung von Gerüchen kaum eine Rolle. Sie ist nur begrenzt in der Lage, Duftstoffe über die Nasenschleimhaut aufzunehmen. Wie alle Schlangen riecht auch die Kornnatter hauptsächlich mithilfe ihrer zweizipfeligen Zunge. Das Maul ist so konzipiert, dass die Zunge sogar bei geschlossenem Maul hinausgleiten kann. Durch das Züngeln nimmt die Schlange Duftstoffe auf, die sie dann ins Gaumendach transportiert. Dort sitzt ein paarig angelegtes Riechorgan, das sogenannte Jacobsonsche Organ, auch vomeronasale Organ genannt. Hier werden die Duftmoleküle analysiert und als Impulse an das Gehirn weitergeleitet. Kommt eine potenzielle Beute vorbei, kann die Schlange das Tier „erzüngeln".
Schlangen sind aber auch in der Lage, ein Tier anhand seines Geruchs über eine größere Strecke zu verfolgen. Übrigens ist das Jacobsonsche Organ auch für die Fortpflanzung entscheidend. Denn darüber werden Sexuallockstoffe (Pheromone) wahrgenommen.

Mit der Zunge nimmt die Schlange Geruchspartikel auf.

Sehen

Die Kornnatter hat große Augen mit runden Pupillen. Das lässt eigentlich darauf schließen, dass die Schlange tagaktiv ist. Doch Kornnattern sind nacht- und dämmerungsaktiv. Aber gelegentlich werden die Tiere auch tagsüber munter – so während der Paarungszeit oder wenn sie Hunger haben. Kornnattern können über eine kurze Distanz relativ gut sehen. Hat die Schlange eine Beute erspäht, stellt sie ihren Blick scharf und fixiert mit ihren Linsen das sich bewegende Objekt. Dieses „Scharfstellen" bezeichnet man als Akkommodation.

Schlangen haben keine Augenlider. Weder beim Schlafen noch beim Kriechen durch dorniges Gestrüpp können die Augen geschlossen werden. Eine durchsichtige Schuppe („Brille") schützt den Augapfel vor Verletzungen. Auch diese „Brille" unterliegt dem Häutungsprozess.

Obwohl die Augen seitlich gegenüberliegen, kann die Kornnatter binokular sehen. Das heißt, sie sieht gleichzeitig mit dem rechten und dem linken Auge. Sie hat keinen starren Blick, denn die Augäpfel sind beweglich. Sehr wahrscheinlich kann die Schlange Farben erkennen. Denn manche Kornnattern bevorzugen bei ihren Futtertieren bestimmte Färbungen. Einige fressen beispielsweise lieber braune Nager, andere mögen nur weiße.

Pupillen

Es ist bemerkenswert, dass die Kornnatter nacht- und dämmerungsaktiv ist und dennoch runde Pupillen hat. Die meisten nachtaktiven Schlangenarten, wie die Pythons, verengen am Tag ihre Pupillen zu einem vertikalen Schlitz. Das ist eine reine Schutzfunktion. Je kleiner die Pupille, desto weniger Licht wird aufgenommen. Das schützt die empfindliche Netzhaut vor dem Tageslicht.

Hören

Schlangen können nicht hören. Wer sich den schmalen Schlangenkopf ansieht, sucht auch vergeblich nach äußeren Ohren. Doch die Reptilien haben zumindest ein Innenohr. Dort nehmen sie Schallwellen, die von Vibrationen erzeugt werden, wahr. Übermittelt werden diese über den Unterkiefer. Von dort werden sie dann an das Innenohr übertragen. So können Schlangen die Bewegungen eines Beutetieres auch über eine größere Distanz lokalisieren. Das funktioniert aber nur, wenn der Kopf der Schlange auch Bodenkontakt hat. Ist der Schädel erhoben, kann sie also auch nicht „hören".

Linke Seite: Die Kornnatter kann gleichzeitig mit dem rechten und dem linken Auge eine Beute fixieren.

Die Farbe macht's: Einige Kornnattern mögen dunkle, andere nur helle Futtertiere.

Urlaubszeit – und wer versorgt Ihre Schlange?

Anschaffung

Die Kornnatter als Heimtier

Kaum eine andere Schlange findet man so häufig in heimischen Terrarien wie die Kornnatter. Auf das hübsche Reptil wurden Ende der 50er-Jahre erstmals Wissenschaftler aufmerksam. Für sie waren die Kornnattern hervorragende Versuchsobjekte – nicht giftig, nicht aggressiv, einfach zu halten und vermehrungsfreudig. Wie die Heimtierkarriere der Kornnattern begann, lässt sich nicht mehr nachvollziehen. Tatsache ist, dass sie mittlerweile sehr beliebt sind, vor allem in den USA. Ihre positiven Eigenschaften, die sie einst zu „idealen" Versuchstieren machten, erfreuen heute zahlreiche Kornnatter-Fans, die ihre Schlangen liebevoll „Kornis" nennen.

Überlegungen vor der Anschaffung

Wer sich in eine Kornnatter verliebt hat, ist kaum davon abzubringen, sich so ein schönes Tier anzuschaffen. Dennoch sollte man bedenken, dass eine Kornnatter kein hübsches Wohnaccessoire ist. Sie ist ein Lebewesen mit Ansprüchen an ihren Lebensraum und Besitzer. Dazu gehört auch eine artgerechte Haltung. Und die kostet Zeit und auch Geld. Anschaffung, Haltung, Futter und mögliche Tierarztkosten müssen bezahlt werden. Auch ist es nicht jedermanns Sache für die richtige Ernährung zu sorgen, also tote oder lebende Tiere zu verfüttern.

Nicht selten lässt die anfängliche Begeisterung schnell nach, und die Kornnatter landet im Tierheim oder im Fachgeschäft. Bestenfalls. Schlimmstenfalls wird sie einfach „entsorgt". Wer sich für eine Kornnatter entscheidet, muss darauf vorbereitet sein,

Gegen Abend wird die Kornnatter munter.

dass das Tier bis zu 20 Jahre alt werden kann. Und was ist, wenn Sie verreisen wollen? Kennen Sie jemanden, der Lust und Zeit hat, den „Schlangensitter" zu spielen? Falls Sie nicht alleine wohnen, sollten Sie auch Ihre Mitbewohner um Erlaubnis bitten. Nicht jeder mag Schlangen. Andere wiederum haben zwar kein Problem mit dem Reptil aber dafür mit den Futtertieren.

Mietrecht: Kornnatter ist ein Kleintier

Wer zur Miete wohnt, sollte seinen Vermieter vor der Anschaffung um Erlaubnis bitten. Das ist zwar nicht zwingend notwendig. Denn die ungefährlichen Kornnattern fallen mietrechtlich unter „Kleintiere" – wie Hamster oder Meerschweinchen – und müssen nicht bewilligt werden. Um Ärger zu vermeiden, sollte man sich jedoch absichern und die schriftliche Zustimmung vom Vermieter einholen.

Diese ist auf jeden Fall erforderlich, wenn man Futterratten verwenden möchte, da die Nager in die Kategorie „Ekeltiere" fallen. Mäuse hingegen gehören mietrechtlich zu den Kleintieren und dürfen in der Regel ohne Erlaubnis gehalten werden. Aber wer vermehren möchte, muss unbedingt auf Sauberkeit achten. Kommt es zu störenden Geruchsbelästigungen, kann die Mäusehaltung untersagt werden.

Kein Artenschutz
Da Kornnattern weder vorm Aussterben bedroht noch gefährlich sind, gelten hier keine Nachweis- und Meldepflichten.

Sind Kornnattern für Kinder geeignet?

Eins vorneweg: Kornnattern sind – wie alle Tiere – kein Spielzeug. Für Kinder, die gerne etwas zum Herumtoben und Knuddeln hätten, sind Reptilien denkbar ungeeignet. Jünger als zwölf Jahre sollte der Nachwuchshalter nicht sein. Doch wichtiger als das Alter ist ein ausgeprägtes Verantwortungsbewusstsein.

Sollte es der Herzenswunsch eines Kindes oder Jugendlichen sein, Schlangenhalter zu werden, dann ist die Kornnatter eine gute Wahl. Die Tiere sind relativ einfach zu halten. Außerdem macht es Spaß, die ansprechenden Nattern zu sehen. Ein weiterer Pluspunkt: Kornnattern sind für Schlangenverhältnisse recht aktiv. Sie erkunden ihre Umgebung und kriechen oft munter durch ihr Terrarium. Es gibt also was zu gucken, allerdings erst gegen Abend. Allein deshalb eignen sich die Schlangen schon nicht für kleinere Kinder. Schließlich müssen sie ins Bett, wenn die Schlange richtig mobil wird. Verständlicherweise möchten Kinder ihr Heimtier auch gerne mal anfassen und in die Hand nehmen. Handelt es sich um ein friedliches Exemplar ist dagegen eigentlich nichts einzuwenden. Aber die Tiere fühlen sich in ihrem Terrarium immer noch am wohlsten. Jedes Herausnehmen ist für die Schlange mit Stress verbunden. Aber auf keinen Fall sollte man es mit der „Zuneigung" übertreiben. Die Tiere sollten sich auch nur kurzzeitig außerhalb des Terrariums aufhalten. Schließlich herrschen in Wohn- und Kinderzimmer keine günstigen Wärme- und Lichtbedingungen.

Wichtig ist, dass die Kinder über Pflege und Ernährung der Tiere ausreichend informiert werden. Gerade die Fütterung erfordert einige Disziplin und unter Umständen auch Überwindung. Nimmt die Kornnatter keine tote Beute an, muss sie mit lebenden Nagern gefüttert werden. Das möchte nicht jeder. Darum muss man vorher überlegen,

ob man dazu in der Lage ist. Ein Tipp: Machen Sie oder Ihr Kind eine Probe-Fütterung im Fachgeschäft oder beim Züchter.
Die Kornnatterhaltung kann für den Familiennachwuchs eine wertvolle Erfahrung sein. Dennoch sollten sich Eltern darauf einstellen, dass Kinder und Jugendliche es mit der Verantwortung nicht immer so genau nehmen. Nicht selten müssen dann die Erwachsenen die „lästigen Pflichten" übernehmen.

Stinkige Kornnatter
Auch friedliche Kornnattern können mal stinkig werden – im wahrsten Sinne des Wortes. Wenn sie aggressiv reagieren, sondern sie unter Umständen ein übel riechendes Sekret aus der Analdrüse ab. Ansonsten riechen Kornnattern nicht – höchstens das unsaubere Terrarium. Wer nicht regelmäßig Kot und Urin entfernt, wird natürlich ein Geruchsproblem bekommen, wie bei jedem anderen Kleintier auch.

Eine Frage des Schlangenalters

Noch nicht geschlechtsreife Kornnattern bezeichnet man auch als juvenil, erwachsene Tiere als adult. Und die Frage, ob man sich eine junge oder erwachsene Kornnatter zulegen soll, ist nicht leicht zu beantworten. Beides hat Vor- und Nachteile. Wer sich eine Jungschlange anschafft, erlebt die faszinierende Zeit des Erwachsenwerdens mit. Das junge Tier verändert sich zusehends, nicht nur in der Größe, sondern auch in Färbung und Zeichnung. Je jünger die Nattern sind, desto häufiger häuten sie sich. Ein besonderes Schauspiel für jeden Schlangenhalter. Das kann aber auch mit mehr Arbeit verbunden sein. Unter Umständen häutet sich die Kornnatter nicht richtig – meist an Augen oder Schwanzspitze. Dann muss der Halter nachhelfen. Jungtiere müssen zudem öfter gefüttert werden. Jungschlangen sind häufig lebhafter, aber auch etwas aggressiver als erwachsene Tiere.
Der Biss einer kleinen Kornnatter ist nicht der Rede wert, den spürt man kaum. Aber so lernt man schon mal, wie man später ein erwachsenes Tier handhabt, das nicht so umgänglich ist.

Sanftes Reptil
Erwachsene Kornnattern sind meist friedlich. Doch die Schlangen können ganz unterschiedliche Charaktere haben. So gibt es auch unter den Tieren hier und da mal ein aggressives Exemplar. Der Biss einer erwachsenen Kornnatter ist nicht gefährlich, kann aber recht unangenehm sein.

Einzel- oder Paarhaltung?

Die Kornnatter ist ein Einzelgänger. Es ist deshalb keine Tierquälerei, wenn man sie ohne Artgenossen hält. Aber viele Kornnattern haben kein Problem mit Gesellschaft. Wer nicht vermehren möchte, sollte keine verschiedenen Geschlechter zusammenhalten. Das wäre vor allem für das Weibchen nur eine unnötige Belastung.
Wichtig: Wer mehrere Kornnattern hält, benötigt auch ein größeres Terrarium. Aus Futterneid kann es jedoch zu Komplikationen kommen. Die Fütterung mehrerer Nattern in einem Terrarium sollte deshalb immer beaufsichtigt werden.

Tipp: Gerade geschlüpfte Schlangen (Schlüpflinge, Neonaten) sind nicht unbedingt für Anfänger geeignet. Sie müssen erst mal ans Futter gewöhnt werden. Und nicht alle Schlangen fressen von Anfang an problemlos. Außerdem lassen sich Färbung und Zeichnung der Kornnatter in einem so frühen Alter noch nicht genau bestimmen.

Kornnattern sind zwar Einzelgänger. Aber die meisten vertragen sich mit Artgenossen.

Zoff im Terrarium
Vertragen sich Kornnattern in einer Paar- oder Gruppenhaltung absolut nicht, muss man die Konsequenzen ziehen. Entweder gibt man ein Tier ab oder man hält es in einem anderen Terrarium. Für sture Einzelgänger ist eine Zwangsvergesellschaftung purer Stress, den sollte man der Schlange ersparen.

Männchen oder Weibchen – man sieht's am Schwanzansatz

Ob es sich bei ihrer Schlange um ein Männchen oder Weibchen handelt, können Sie sich von einem erfahrenen Schlangenhalter zeigen lassen. Es gibt mehrere Methoden um die Geschlechtszugehörigkeit zu erkennen: das Sondieren, die Schuppenzählmethode, das „Candeln" (Durchleuchten) oder das Poppen.

Die sicherste Methode ist das Sondieren. Sie sollte nur von einem erfahrenen Terrarianer durchgeführt werden, da Verletzungsgefahr besteht. Beim Poppen übt man vom Schwanz aus leichten Druck auf die Kloake aus. Stülpen sich dabei einer oder beide Hemipenes heraus, handelt es sich um eine männliche Schlange. Diese Methode der Geschlechtsdiagnose ist jedoch nicht zu empfehlen.

Ein weiteres Unterscheidungsmerkmal ist die Schwanzdicke. Der Schwanz beginnt hinter der Kloakenöffnung. Ab hier wird bei dem Weibchen der Schwanz rasch dünner. Beim Männchen hingegen nimmt der Schwanzumfang erst einige Zentimeter hinter der Analspalte ab.

Der Grund: Bei den Männchen liegen die nicht eregierten Hemipenes eingezogen im Schwanzansatz.

Anschaffungscheck

Egal, wo oder bei wem man seine Kornnatter erwirbt, wichtig ist, dass das Tier einen gesunden Eindruck macht. In vielen Punkten müssen Sie sich auf die Angaben des Verkäufers verlassen (wie Futterfestigkeit), andere hingegen können Sie selbst überprüfen:

Gesunder Gesamteindruck

Die Kornnatter sollte unverletzt und gut genährt sein. Untersuchen Sie die Kornnatter auf äußeren Parasitenbefall. Milben lassen sich meist mit bloßem Auge erkennen. Sie sitzen häufig am Kopf, unter den Schuppen und in der Kloakeregion. Im Zweifel sollten Sie das Tier mit einer Lupe absuchen.

Schleim auf Augen, Maul und Nasenöffnung sowie ein rasselndes Atemgeräusch könnten ein Hinweis auf eine Erkältung oder Lungenentzündung sein. Tasten Sie das Tier nach Auffälligkeiten wie Verdickungen oder Missbildungen ab. Die Kloakeöffnung sollte sauber sein. Beobachten Sie das Tier eine Weile. Die Schlange sollte lebhaft und nicht lethargisch sein.

Eine Abwehrreaktion (Zischen u.a.) des Reptils, wenn Sie ins Terrarium hineinfassen, ist völlig normal. Bleibt die Schlange aber ausgestreckt und apathisch im Terrarium liegen, ist Vorsicht geboten. Das Tier könnte krank sein. Nehmen Sie die Kornnatter in die Hand. Die Schlange sollte dabei züngeln und einen munteren Eindruck machen. Lässt sie sich jedoch im wahrsten Sinne des Wortes hängen, kann das ebenfalls auf eine Erkrankung hinweisen.

Fragen Sie den Verkäufer nach dem Fressverhalten. Nimmt die Schlange lebende oder tote Beute zu sich? Das Tier sollte futterfest sein, das heißt, dass es selbstständig

Eifriges Züngeln ist ein Zeichen für Aufmerksamkeit.

frisst. Übrigens: Es ist ein positives Zeichen, wenn Jungschlangen aggressiv auf das Herausnehmen reagieren. Das spricht meist dafür, dass das Tier auch ein guter und selbstständiger Fresser ist.

Gute Haltung

Achten Sie beim Kauf darauf, dass das Tier artgemäß gehalten wird. Das heißt, das Terrarium muss ausreichend groß und entsprechend eingerichtet sein. Wenn Sie im Terrari-

Ein sauberes und artgemäßes Terrarium spricht für den Verkäufer.

Kein Wildfang
Der Erwerb von wilden Kornnattern ist nicht verboten, aber bedenklich. Sie bergen ein hohes Infektionsrisiko mit Parasiten und Krankheitserregern. Es gibt wirklich genügend in Menschenhand vermehrte Tiere. Es ist völlig unnötig, in der Wildnis geborenen Kornnattern den Fang- und Transportstress zuzumuten.

um verschmutztes Wasser, Ansammlungen von Kot und Urin oder nicht tote Futtertiere sehen, lassen Sie die Hände von dem Tier.

Ist die Schlange wirklich gesund?
Das kann man beim Kauf nie so genau wissen. Deshalb ist es ratsam, die Kornnatter nach dem Erwerb von einem Tierarzt untersuchen zu lassen. Diagnostiziert er Erkrankungen, sollte man das Tier zurückgeben – sofern der Verkäufer darauf eingeht. Auf der besseren Seite steht man, wenn nachgewiesen werden kann, dass das Tier bereits zum Zeitpunkt des Erwerbs erkrankt war.

Zu schlanke Schlange
Eine unternährte Schlange erkennt man daran, dass sie keinen runden und prallen Rücken hat. Ihr Sattel läuft mittig spitz zu und sieht eher aus wie ein Dach („Dreikantfeile“).

Züchter, Börsen und Zoofachgeschäfte

Zoohandlung
Zoohandlungen mit einer gut ausgestatteten Reptilienabteilung bieten in der Regel auch die beliebten Kornnattern an. Hier sollte man aber unbedingt auf die Haltungsbe-

dingungen und das Aussehen der Schlange achten (siehe Anschaffungscheck). Manche Geschäftsbesitzer denken mehr ans Geldverdienen als an die Tiere. Es ist auch möglich, dass es an fachlich geschultem Personal mangelt. Wer sich mit Kaninchen und Co. auskennt, muss keine Ahnung von Reptilien haben. Zudem werden auch Tiere aus Nordamerika importiert. Das bedeutet Stress für die Schlangen. Und wenn die Schlangen nach kurzer Zeit eingehen, bekommen Sie in den meisten Zoohandlungen keinen Ersatz.

Reptilienfachgeschäft

Geschäfte, die sich auf Reptilien spezialisiert haben, sind immer häufiger zu finden. Die Beratung ist in der Regel gut. Dennoch sollte man ein Auge auf Tiere und Haltung haben. Hier kann man, wenn man möchte, auch gleich Zubehör erwerben. Allerdings sollte man sich nichts Unnötiges und Teures aufdrängen lassen.

Züchter

Der Züchter ist meist der ideale Ansprechpartner. Hier hat der Interessent eine große Auswahl (Farbvarianten, Geschlecht, Alter). Aufgrund der Erfahrung wird eine gute Rundumberatung geboten.

Wer zu Hause Probleme mit seiner Kornnatter hat, kann den Züchter immer um Rat fragen.

Wer einen vertrauenswürdigen Züchter in seiner Nähe sucht, kann sich bei einem Verein oder auch im Internet erkundigen.

Reptilienbörse

Auf diesen Börsen verkaufen professionelle und private Züchter sowie Zoohandlungen und Reptilienfachgeschäfte ihre Tiere. Man hat ein riesiges Angebot und jede Menge Ansprechpartner. Nachteil: Die Schlangen sind nicht in ihren eigentlichen Unterkünften untergebracht. So lässt sich nicht unbedingt erkennen, wie die Schlangen normalerweise gehalten werden. Außerdem reagieren viele Schlangen gestresst auf die Ausstellungssituation. Dadurch kann man ihr Alltagsverhalten nur schwer einschätzen. Doch wer Kontakte knüpfen möchte, ist hier gut aufgehoben. Sie können dann später Anbieter und Tiere besuchen, um sich vor Ort ein Bild von den Haltungsbedingungen zu machen.

Kauf von anderen privaten Anbietern

In Internet- und Zeitungsanzeigen werden immer wieder Kornnattern angeboten. Gegen den Privatkauf ist im Prinzip nichts ein-

Auf Börsen werden Schlangen oft nur in Boxen untergebracht. Besuchen Sie den Verkäufer, und überzeugen Sie sich vor Ort von den Haltungsbedingungen.

Einzug ins fertige Heim:
Bevor die Kornnatter gekauft wird, muss das Terrarium komplett eingerichtet und betriebsbereit sein.
In einem mehrtägigen Probelauf sollte getestet werden, ob Licht, Temperatur und Feuchtigkeit auch den Ansprüchen des neuen Bewohners entsprechen.

zuwenden. Auch hier sollte unbedingt der Anschaffungscheck durchgeführt werden. Auf einen Hinterhofkauf – Kornnatter im Karton gegen Bares – sollte man verzichten. Häufig lassen sich bei Privatkäufen Schnäppchen machen, vor allem wenn der Verkäufer die Schlangenhaltung aufgibt. Dann gibt's das Zubehör oft für wenig Geld dazu.

Tipp: Wenn Sie im Freundes- oder Bekanntenkreis einen erfahrenen Schlangenhalter haben, sollten Sie ihn bitten, Sie beim Kauf zu begleiten. Händler erkennen einen Laien sofort. Unter Umständen wird die Unerfahrenheit ausgenutzt, und man erhält ein altes, krankes oder nicht futterfestes Tier. Natürlich kann auch ein „Profi" etwas übersehen, aber die Gefahr eines Fehlerwerbs wird zumindest deutlich gemindert.

Kein Mitleidskauf:
Wer eine Kornnatter kauft, um sie aus schlechter Haltung zu befreien, belohnt damit den Händler! Der wird sich die Hände reiben und gleich wieder Nachschub besorgen – den er dann wieder mies behandelt.

Anschaffungskosten

Kornnattern sind im Vergleich zu vielen anderen Schlangenarten relativ preiswert. Wie viel man für ein Tier ausgeben muss, hängt von verschiedenen Faktoren ab: Je jünger die Kornnatter, desto preiswerter ist sie, je ungewöhnlicher der Farbschlag, desto teurer. Eine junge Kornnatter mit Wildfärbung bekommt man schon ab etwa 20 Euro,

eine junge amelanistische Kornnatter („Teilalbino") ab etwa 40 Euro.
In Abhängigkeit von Färbung und Zeichnung gehen die Preise dann nach oben. Weibchen sind mitunter teurer.
Die Schlange selbst ist der geringste Kostenfaktor. Hinzu kommen noch die Ausgaben für ein artgerechtes Terrarium, die Futtertiere, Energiekosten und eventuelle Tierarztbesuche. Ein Terrarium für ein einzelnes erwachsenes Tier kostet etwa zwischen 130 und 200 Euro – ohne Zubehör. Aber: Eigenbau spart Geld.
Wer kein Bastler ist, sollte die Kleinanzeigen durchforsten oder auf Reptilienbörsen nach günstigen Angeboten Ausschau halten. Denn in Zoohandlungen und Reptilienfachgeschäften kann man nur selten Schnäppchen machen. Futtertiere gibt es ab etwa 50 Cent pro Maus. Eine erwachsene Kornnatter frisst etwa vier bis fünf Mäuse pro Monat. Allerdings kann die Futtermenge von Tier zu Tier variieren.
Wichtig: Auch eine günstig erworbene Schlange muss artgerecht gehalten werden. Leider gibt es einige schwarze Schafe, die sich für ein paar Euro ein Tier kaufen und es dann mit der Haltung nicht so genau nehmen. Unter dem Gesichtspunkt, dass man sich für wenig Geld jederzeit ein anderes Exemplar anschaffen kann, wird erst gar nicht viel in Pflege, Ernährung und Terrarium investiert. Auch die Tierarztkosten werden gespart. Die sind schließlich wesentlich teuerer als eine neue Schlange. Macht das Tier dann zu viel Arbeit, wird sie „entsorgt". Solch ein Verhalten hat mit Reptilienliebe absolut nichts zu tun. Wer weder Zeit, Arbeit oder Geld aufbringen möchte, sollte die Finger von den Schlangen und jedem anderen Tier lassen.

Transport und Eingewöhnung
Die letzte Nahrungsaufnahme vor dem Transport sollte mindestens drei Tage her sein. Achten Sie darauf, dass das Futter verdaut wurde. Setzen Sie die Kornnatter vorsichtig in eine belüftete Plastikbox, nie in einen Karton. Am sichersten erfolgt der Transport in einem festen Leinenbeutel, dessen Nähte nach außen gedreht wurden. Eine Polystyrolkiste zur Aufbewahrung der Plastikbox oder des Stoffbeutels hilft, extreme Transporttemperaturen zu vermeiden. Zu Hause wartet dann das komplett eingerichtete und probegelaufene Terrarium. Hier muss sich die vom Transport gestresste Schlange erst mal erholen und braucht noch einige Zeit, um sich an ihre neue Behausung zu gewöhnen. Das ist von Tier zu Tier unterschiedlich. Die ersten zwei, drei Tage sollte die Kornnatter nicht gefüttert werden.

Kein vollgefressenes Tier transportieren. Die letzte Fütterung sollte vor mindestens drei Tagen erfolgt sein.

Ein artgerechtes Terrarium ist auch für den Halter eine Augenweide.

Haltung und Pflege

Das Terrarium

Zwar sind Kornnattern relativ anspruchslose Schlangen, dennoch stellen auch sie bestimmte Ansprüche an ihren Lebensraum. Der Halter ist für eine sichere, saubere und artgerechte Unterbringung in einem geeigneten Terrarium verantwortlich. Terrarien werden in Fachgeschäften, aber auch auf Börsen oder privat per Kleinanzeige angeboten. Als Material wird hauptsächlich Glas oder Glas-Holzkombinationen verwendet. Auch der Einsatz von Kunststoff ist möglich. Das Terrarium sollte mit Schiebetüren versehen sein.

Die Kornnatter benötigt ein halbtrockenes Terrarium. Das künstliche Heim muss den Gegebenheiten ihres natürlichen Lebensraumes nahekommen. Der Kornnatterhalter ist verantwortlich für die korrekte Belüftung, Beleuchtung, Temperatur und Luftfeuchtigkeit. Dass das Terrarium regelmäßig gereinigt werden muss, versteht sich von selbst.

Bastler können das Schlangenheim selber bauen. In Kapitel „Special" finden Sie die Bauanleitung für ein Holzterrarium mit Schiebetüren aus Glas. Anleitungen gibt es zudem in entsprechender Fachliteratur oder auch im Internet.

Die Größe

Was die Terrariengröße angeht, herrschen bei Kornnatterhaltern die unterschiedlichsten Auffassungen. Entscheidend ist, wie groß das Tier ist, und ob man nur eine Schlange oder mehrere hält. Wer unsicher ist, kann sich am Gutachten über die Mindestanforderungen an die Haltung von Reptilien von 1997 (Bundesministerium für Ernährung,

Landwirtschaft und Forsten, Referat Tierschutz) orientieren. Demnach sollten die Terrarienmaße 1,0 x 0,5 x 1,0 (Länge x Breite x Höhe in Metern) multipliziert mit der Länge der Kornnatter betragen. Beispiel: Für eine 1,20 m lange Kornnatter benötigt man danach ein Terrarium mit den Maßen 1,20 x 0,60 x 1,20 m.

Kein Aquarium:
Ein Aquarium eignet sich nicht als Kornnatterdomizil. Denn hier findet kein optimaler Luftaustausch statt. Ein Terrarium hingegen wird ohne Durchzug von vorn und oben belüftet. Zudem erschwert das Aquarium den Zugriff auf die Kornnatter. Die Tiere mögen es auch nicht besonders, wenn man sich ihnen von oben nähert. Das ist Verständlich, denn so werden sie in der Natur von ihren Feinden gepackt.

Mitwachsendes Terrarium:
Junge Kornnattern fühlen sich in großen Terrarien oft unsicher. Das kann die Tiere stressen, und sie reagieren unter Umständen mit Futterverweigerung. In diesem Fall sollte man als „Kinderstube" ein kleines Terrarium (beispielsweise einen Spinnenwürfel) benutzen, idealerweise mit Falttüren. Bei Schiebetüren ist die Ausbruchgefahr zu groß. Ist das Tier älter, kann es ins große Heim umziehen.

Standort

Das Terrarium darf keiner direkten Sonnenbestrahlung ausgesetzt werden. Das treibt die Temperatur nach oben. Achten Sie darauf, dass das Terrarium nicht im Durchzug steht. Starke Gerüche (Küchendunst, Tabakrauch) mögen die Tiere nicht besonders. Auch Lärm, der so heftig ist, dass das Terrarium vibriert, sollte vermieden werden.

Kleine Schlange, großes Terrarium. Nicht alle Jungtiere fühlen sich in so einem geräumigen Heim wohl.

Belüftung

Das Kornnatternheim muss ausreichend belüftet sein. In gekauften Terrarien sind die zwei Belüftungsöffnungen meist unten und oben (Stufenlüftung). Unten kommt die frische Luft herein und nach oben entweicht die verbrauchte.

Temperatur

Im Terrarium sollte eine mittlere Temperatur von etwa 24 bis 28 °C herrschen. Dabei sollte die Temperatur in einzelnen Bereichen un-

Eine Heizmatte sorgt im Terrarium für die erforderlichen Temperaturen.

terschiedlich sein. Nachts sollte man die Temperatur auf 18 bis 20 °C absenken. Beheizt wird das Terrarium mit Heizstrahlern, Heizmatten oder Heizkabeln. Die Temperatur wird über einen Thermostat geregelt.

Beleuchtung

Kornnattern sind in erster Linie nacht- und dämmerungsaktiv. Die Beleuchtung soll den natürlichen Tag-Nacht-Rhythmus wiedergeben. Das Kornnatterterrarium wird im Sommer täglich 12 bis 14 Stunden beleuchtet, im Herbst und Frühjahr 9 bis 10 Stunden. Wer seine Tiere in die Winterpause schicken möchte, muss Licht und Wärmezufuhr reduzieren (siehe Winterruhe). Kornnattern benötigen kein UV-Licht. Geeignete Leuchtmittel sind Energiesparlampen sowie Leuchtstoff- oder Glühlampen.

Achtung: Die Schlangen dürfen nicht in Berührung mit Lampen, Heizgeräten oder anderen elektrischen Geräten kommen. Diese müssen entsprechend abgedeckt werden.

Luftfeuchtigkeit

Die relative Luftfeuchtigkeit im Kornnatternheim sollte etwa zwischen 50 und 60 % liegen, während der Häutung höher, etwa zwischen 70 und 80 %. Die Luftfeuchtigkeit wird mithilfe eines Hygrometers gemessen. Sprühen Sie das Terrarium etwa zweimal in der Woche mit lauwarmem Wasser (Blumenspritze) ein, vor der Häutung drei- bis viermal. Oft reicht es schon, wenn Sie ins Terrarium einen größeren Wassernapf stellen.

Pflanzen regulieren die Luftfeuchtigkeit auf natürliche Art.

Bodengrund

Kornnattern bewohnen unterschiedliche Lebensräume. Damit sind sie auch nicht auf einen bestimmten Bodenbelag angewiesen. Das können Mulch, Sägespäne, Kies, Kleintierstreu oder geschroteter Kork sein. Feiner Sand ist eher ungeeignet. Er kann zu Hautreizungen führen, wenn er zwischen

Vorsicht: Besprühen Sie das Terrarium – nicht die Schlange. Die Verdunstungskälte kann eine Erkältung verursachen.

Der Bodengrund sollte nicht nur gut aussehen, sondern auch praktisch sein.

die Bauchschuppen gelangt. Auch Papier ist geeignet, sieht aber nicht gerade attraktiv aus. Einige Kornnattern wühlen sich gerne in den Bodengrund ein. Daher sollte dieser mindestens fünf Zentimeter dick sein. Die Kornnatter braucht einen trockenen Boden. Man kann ihr aber ein feuchteres Plätzchen anbieten, für alle Fälle.

Tipp

Holzspäne von weichen Holzarten wie Pappelholzgranulat funktionieren ähnlich wie Katzenstreu. Sie sind geruchsbindend und saugen die Ausscheidungen auf. Kot und Urin verklumpen und lassen sich dann problemlos entfernen.

Einrichtung

Pantherophis guttatus ist eine Kletternatter, darauf sollte man bei der Einrichtung des Terrariums unbedingt Rücksicht nehmen. Das Schlangenheim muss ausreichend hoch sein. Zum Klettern eignen sich dickere, stabile Äste. Wichtig: Diese müssen sicher und fest im Terrarium angebracht werden. Die Kornnatter braucht Rückzugsmöglichkeiten. Hierfür eignen sich Wurzeln, Baum- oder Korkrinden. Diese dienen gleichzeitig als Häutungshilfe. Ausgehöhlte Kokosnussschalen und Terrakottablumentöpfe (mit Eingangsloch) sind ansprechende Verstecke.

Auch Pflanzen verschönern das Terrarium. Echte Pflanzen sorgen für ein gutes Klima und regulieren auf natürliche Weise die Luftfeuchtigkeit. Aber: Sie sind nur schwer zu reinigen und nicht immer kletterresistent. Wenn Sie echte Pflanzen ins Terrarium setzen wollen, achten Sie darauf, dass diese mit der vorhandenen Beleuchtung auskommen müssen. Beim Gießen muss man darauf achten, dass der Bodengrund nicht nass wird. Alternative: Es gibt im Fachhandel sehr hübsche künstliche Grünpflanzen. Diese sind robuster, und Ausscheidungen lassen sich einfach abwaschen.

Steine vervollständigen die Einrichtung des Terrariums. Künstliche Felslandschaften sind im Fachhandel erhältlich.

Versteckmöglichkeiten gehören zu einer artgerechten Haltung.

Äste bieten Klettermöglichkeiten und auch genug Reibungsfläche, um die Häutung zu unterstützen.

Pflanzen verschönern jedes Terrarium. Künstliche Pflanzen lassen sich leicht reinigen.

Nicht zu vergessen: der Trinknapf. Dieser sollte so stabil sein, dass die Schlange ihn nicht umstoßen kann und so groß, dass das Tier darin baden könnte. Kornnattern sind zwar keine Wasserratten, aber einige Exemplare gehen ab und zu mal baden. Vorsicht: Liegen sie oft im Wasser, könnte das ein Alarmzeichen sein. Vielleicht hat die Schlange Häutungsprobleme, weil die Luft zu trocken ist, oder sie wird von Parasiten geplagt.

Fassadenkletterer:
Fantasie ist gefragt: Das Terrarium können Sie mit einfachen Dingen ansprechend und sinnvoll gestalten. Bringen Sie beispielsweise an einer Wand eine Korkplatte oder ein Kokosgitter (Rankhilfe für Pflanzen) an. So kann die Schlange auch mal die Wand „hochgehen".

Wichtig: Kornnattern lieben Verstecke. Aber achten Sie darauf, dass die Öffnung der „Höhle" auch groß genug ist. Passt das ungefütterte Tier problemlos in einen angebohrten Terrakottatopf, kann eine satte Schlange unter Umständen stecken bleiben. Wenn sich die Kornnatter nicht rausziehen lässt – bitte vorsichtig vorgehen – muss das Versteck zerschnitten oder zerschlagen werden.

Die Kornnatter ist eine Kletternatter. Denken Sie bei der Terrariumeinrichtung daran.

Hinter Schloss und Riegel

Kornnattern sind Ausbruchkünstler. Einen Glasdeckel können sie leicht aufdrücken. Eine nicht gesicherte Schiebetür ist geradezu eine Einladung, auszubrechen. Jungschlangen können unter Umständen sogar durch die Lüftungsschlitze entweichen. **Tipp:** Befestigen Sie vor den Schlitzen ein Fliegengitter. Dann kommt Frischluft rein, aber die Jungkornnatter nicht raus.

Alle Einrichtungsgegenstände, egal ob Wurzeln oder Wassernapf, sollten vor dem Erstgebrauch gründlich gereinigt werden. Was aus Wald und Flur entnommen wurde, birgt kaum gesundheitliche Risiken (Parasiten, Erreger). Wer ganz sicher gehen will, kann diese Gegenstände mit heißem Wasser säubern oder in der Mikrowelle erhitzen.

Auch andere Öffnungen, wie Löcher für die Kabelverlegung, müssen schlangensicher gemacht werden. Sie können diese beispielsweise mit Silikon abdichten. Wer kleine Kinder hat, sollte das Terrarium mit einem Schloss sichern. So verhindert man zum einen, dass die Schlange durch den neugierigen Nachwuchs gestresst oder gar verletzt wird und zum anderen, dass die Kornnatter ausreißt.

Hausputz muss sein

Ein sauberes Terrarium ist entscheidend für die Gesundheit der Kornnatter. Kot und Urin sind täglich zu entfernen. Auch Hautreste und nicht gefressene Beutetiere sollten so schnell wie möglich aus dem Terrarium verschwinden. Das Wasser muss frisch sein. Bei sichtbaren Verunreinigungen (Kot) auch bei Bedarf wechseln.

Der komplette Bodengrund sollte alle drei bis sechs Monate, abhängig von der Anzahl der Tiere, ausgetauscht werden. Mindestens einmal im Jahr ist Großputz angesagt. Solange muss die Schlange in einem Übergangsheim untergebracht werden. Dann werden alle Einrichtungsgegenstände entnommen, gereinigt und desinfiziert. Die Scheiben sollten natürlich von innen und außen öfter geputzt werden.

Tipp

Für die Desinfektion dürfen nur empfohlene Mittel verwendet werden. Hatten Sie bei Ihren Schlangen Parasitenbefall oder andere Krankheiten, fragen Sie den Tierarzt oder in der Fachhandlung nach entsprechenden Mitteln. Ansonsten tut es auch ein Dampfreiniger.

Quarantäne

Wer sich später eine zweite Kornnatter zulegen möchte, sollte diese in den ersten Wochen separat in einem „Übergangsterrarium" halten. Denn sollte der Neuankömmling krank sein, kann er das gesunde Tier anstecken. Die Quarantäne sollte mindestens vier bis sechs Wochen eingehalten werden. Lassen Sie die neue Schlange vom Tierarzt checken. Um den Befall mit Endoparasiten auszuschließen, müssen mehrere Kotproben untersucht werden.

Das Übergangsterrarium sollte nach strengen hygienischen Maßstäben eingerichtet sein. Als Bodengrund eignet sich Küchenpapier. Das ist einfach auszuwechseln. Halten Sie ein Tier mit ansteckender Krankheit in Quarantäne, müssen Sie sehr diszipliniert vorgehen, vor allem wenn Sie mehrere Reptilien halten. Nach jedem direkten oder indirekten Kontakt mit der Kornnatter müssen Sie sich die Hände waschen. Empfehlenswert ist das Tragen von medizinischen Einweghandschuhen. So verhindern Sie, dass andere Tiere über ihre Hand infiziert werden. Solch ein Verhalten schützt auch den Halter selbst. Denn einige Erreger wie Salmonellen oder Pilze sind auch auf den Menschen übertragbar.

Technik spart Zeit

Ein Terrarium kommt nicht ohne Technik aus – und die muss auch regelmäßig und gewissenhaft eingesetzt und kontrolliert werden. Das kostet Zeit. Wer hier etwas Arbeit sparen möchte, sollte sich eine Zeitschaltuhr zulegen. Damit können Temperatur und Licht zuverlässig reguliert und den Bedürfnissen der Schlange angepasst werden. Sogar die Lüftung lässt sich mithilfe der Uhr ein- oder ausschalten.

Auch in das Quarantänequartier gehört eine artgerechte Ausstattung.

Aber auch ein elektronischer Thermostat ist empfehlenswert. Er reagiert auf Temperaturunterschiede – beispielsweise wenn eine Lichtquelle das Terrarium zu sehr aufheizt. Wer sich mit Computern auskennt, kann noch einen Schritt weiter gehen und seinen PC arbeiten lassen. Die Terrarientechnik lässt sich so effizient regulieren und überwachen.

Winterruhe

Kornnattern, die in einem gemäßigten Klima zu Hause sind, halten Winterruhe. Nur so können sie die kalten Monate überleben. Denn Schlangen sind wechselwarme Tiere. Damit ist ihre Körpertemperatur immer abhängig von der Außentemperatur. Sinkt diese unter einen bestimmten Wert, fallen die Tiere in Kältestarre. Der Stoffwechsel wird auf ein Minimum heruntergefahren, das Gleiche gilt für Herzfrequenz und Atmung. Bei einem so geringen Energieverbrauch muss die Schlange auch keine Nahrung mehr zu sich nehmen.

Wird es wärmer, erwachen die Kornnattern aus dieser Kältestarre und werden langsam aktiver. Nach der ersten Häutung sind die erwachsenen Tiere paarungsbereit. Man weiß, dass die Winterpause mit niedrigen Temperaturen und kürzerer Beleuchtungszeit bei den Männchen die Spermienproduktion anregt. Das ist auch einer der Gründe, warum viele Schlangenhalter ihren Tieren eine winterliche Auszeit gönnen. Zwingend notwendig ist die Winterruhe für in Terrarien lebende Kornnattern jedoch nicht. Aber sie entspricht einer artgerechten Haltung.

Wenn die Kornnatter keinen gesunden Eindruck macht, sollte sie keine Winterruhe halten. Wer unsicher ist, sollte eine auffällige Schlange zuvor vom Tierarzt auf „Wintertauglichkeit" untersuchen lassen.

Es gibt keine feste Regel, wann die Schlange in Winterruhe gehen muss. Einige Halter beginnen damit bereits im Oktober, andere erst im Dezember. Doch die Vorbereitung ist immer dieselbe: Die Beleuchtung wird über einen Zeitraum von etwa zwei bis drei Wochen von zwölf auf sechs Stunden reduziert. Gleichzeitig wird auch schrittweise die Temperatur auf etwa 8 bis 10 °C gesenkt. Dann beginnt die eigentliche Winterpause, die zwei bis drei Monate andauern sollte. In dieser Zeit fressen die Tiere nicht, aber sauberes Wasser sollte ihnen weiter zur Verfügung stehen. Nach der Ruhezeit werden Temperatur und Beleuchtung wieder allmählich auf Normalwerte erhöht.

Fit für den Winter?
Kranke Schlangen sollten keine Winterruhe halten. Das gilt auch für junge Tiere, die erst im Spätherbst geschlüpft oder Weibchen, die noch von der Eiablage geschwächt sind.

Wichtig: In der Winterpause muss der Darm leer sein. Die letzte Fütterung sollte so rechtzeitig erfolgen, dass die Kornnatter noch vor der Winterruhe abkoten kann. Verbleiben Nahrungsreste im Darm, kann das für die Schlange tödlich enden. Da der Stoffwechsel und damit auch die Verdauung auf Sparflamme laufen, wird das Futter kaum verdaut. Die mögliche Folge sind giftige Fäulnisprozesse im Darm.

Urlaub: „Schlangensitter" gesucht

Kornnatterhalter haben es im Gegensatz zu vielen anderen Heimtierbesitzern leicht.

Da eine erwachsene Schlange gut mehrere Wochen ohne Fressen auskommen kann, hat sich das Fütterungsproblem schon erledigt. Dank Zeitschaltuhren werden auch Temperatur und Beleuchtung geregelt. Allerdings kommt man bei der Kornnatterhaltung nicht ganz ohne „Schlangensitter" aus. Schließlich braucht das Tier regelmäßig frisches Wasser. Auch sollte jemand hin und wieder nachsehen, ob die Kornnatter krankhafte Veränderungen aufweist.
Sehen Sie sich rechtzeitig vor dem Urlaub nach einer verantwortungsvollen Person um, die nach dem Reptil schaut. Ideal wäre es, wenn der Betreuer etwas Ahnung von Schlangen hätte. Wenn nicht, sollten Sie aufschreiben, worauf er achten muss. Dazu gehören Angaben zu Trinkwasser, Reinigung, Krankheitsanzeichen, Temperatur- und Feuchtigkeitsanzeige. Notieren Sie ihm auch die Anschrift eines Tierarztes – für alle Fälle. Wer länger verreisen möchte, sollte sein Tier der Obhut eines anderen Terrarianers lassen. Schließlich ist die Fütterung der Schlange nicht jedermanns Sache. Problematischer wird eine längere Abwesenheit, wenn man eine Futtertierzucht hat. Die Haltung der kleinen Nager ist aufwendiger und benötigt regelmäßige Pflege (Futter, Wasser, Reinigung).

Die Kornnatter hat bestimmt kein Problem damit, wenn Sie sie einige Zeit alleine lassen. Doch sorgen Sie rechtzeitig für eine verantwortungsvolle Betreuung. Wer zusätzlich eine Futtertierzucht hat, braucht wirklich gute Freunde. Denn die Pflege und Haltung der Nager ist etwas zeitaufwendiger.

Die Kornnatter ergreift ihre Beute mit den Zähnen.

Ernährung

In der Natur sind Kornnattern in puncto Fressen nicht allzu wählerisch. Es wird gefressen, was zur Verfügung steht und möglichst nicht all zu groß ist.
Ihre bevorzugten Beutetiere sind Nagetiere, wie Mäuse, Ratten oder Hamster. Aber auch Frösche sowie kleinere Echsen und Vögel und deren Eier stehen auf ihrem Speiseplan. Selbst größere Insekten wie Heuschrecken verschmähen sie nicht. Das gilt vor allem für jüngere Tiere.

Fressverhalten und Verdauung
Die Kornnatter ist eine Würgeschlange. Hat die Jägerin eine Beute ausgemacht, schnappt sie danach und hält sie mit Kiefer und Zähnen fest. Dann windet sie sich sofort mehrmals um ihr Opfer. Atmet die Beute aus, verstärkt die Schlange den Druck so lange, bis der Erstickungstod eingetreten ist. Bewegt sich die Beute nicht mehr, lässt die Schlange ab und bezüngelt das erdrosselte Tier. Dann schlingt sie das Opfer, den Kopf zuerst, langsam hinunter. Reichlich Speichel sorgen für Gleitfähigkeit. In wellenartigen Bewegungen wird das Futter weitertransportiert.
Die Schlange nimmt im Verhältnis zu ihrer Körpergröße eine riesige Mahlzeit zu sich. Es ist sogar möglich, dass die Beute einen größeren Umfang aufweist als die Schlange. Im Magen beginnt dann der Verdauungsprozess. Keine leichte Aufgabe, denn nicht nur das Fleisch muss verarbeitet werden, sondern auch Knochen, Fell, Krallen und Zähne.
Nach etwa drei bis fünf Tage sollte die Nahrung verdaut sein. Während dieser Zeit zieht sich das Tier in ein Versteck zurück. Da-

Frisches Trinkwasser ist ein absolutes Muss. Wurde die Schale zuvor auch gereinigt?

nach wird die Kornnatter wieder aktiver und ist auch öfter zu sehen. Das heißt aber nicht, dass sie dann wieder gefüttert werden sollte. Damit sollte man noch ein paar Tage warten.

Wichtig: Die Verdauung klappt nur reibungslos, wenn im Terrarium optimale Temperaturen herrschen. Ist es zu kalt, kommt die Verdauung nicht in Gang. Das kann unter Umständen lebensgefährlich sein. Unverdautes Futter kann gären. Ist es zu warm, verwest die Beute zu schnell, was ebenfalls eine Fäulnisbildung verursacht. Die Folge ist: Die angedaute Beute wird erbrochen.

Fütterung

In Terrarien gehaltene Kornnattern werden meist mit Mäusen, jungen Ratten oder Küken gefüttert. Diese Tiere können lebend oder tot (eingefroren) beim Händler gekauft werden. Eine erwachsene Kornnatter frisst abhängig von Größe und Appetit etwa vier bis fünf Mäuse im Monat. Jungtiere brauchen etwa alle drei bis sechs Tage einen kleinen Imbiss in der Größe einer nestjungen Maus. Die häufigsten Futtertiere sind übrigens Mäuse und Ratten. Wilde Nager sollten nicht verfüttert werden. Hier ist das Risiko zu groß, dass Krankheiten übertragen werden.

Tote Futtertiere können der Kornnatter mit einer Futterzange angeboten oder ins Terrarium gelegt werden. Lebende Tiere müssen ins Terrarium gesetzt werden, damit die Schlange den Nager erwürgen kann, bevor sie ihn verschlingt.

Die Maus wird so lange gewürgt, bis sie sich nicht mehr rührt.

Meist beginnt der Schlingakt am Kopf.

Ist die Kornnatter satt, zieht sie sich für eine Verdauungspause zurück. Es können ein paar Tage vergehen, bis sie sich wieder blicken lässt.

Satte Schlange
Natürlich sollten Sie Ihre Kornnatter nicht überfüttern, aber Sie sollten sie auch nicht zu hungrig halten. Das löst bei dem Tier nur Stress aus. Bieten Sie dem Tier nach dem ersten Futtertier noch ein weiteres an. Sie müssen das Fressverhalten Ihrer Kornnatter austesten. Mit der Zeit werden Sie ein Gefühl für die Futtermenge entwickeln.

Wehrhafte Beute
In der Natur töten Kornnattern ihre Beute, bevor sie sie herunterschlingen. Auch kleine Nager können beißen. Wehrlose Beute, nestjunge Mäuse und Ratten, wird gelegentlich auch lebend verschlungen.

Lebende oder tote Futtertiere

Viele Kornnatterhalter plädieren für die Lebendfütterung, weil sie artgerechter sei. Doch viele Kornnattern nehmen nach Gewöhnung auch tote Beute. Nicht gefressene lebende Beute sollte aus dem Terrarium entfernt werden. Sie könnte die Schlange verletzen.

Wer keine lebenden Tiere verfüttern möchte, sollte seinen Kornnatternwunsch noch mal überdenken. In diesem Fall wäre auch die Zucht von Futtertieren ausgeschlossen – auch wenn man diese tot verfüttern würde. Denn die selbst gezüchteten Nager müssten ja auch vom Halter getötet werden, wenn die eine Schlange nur tote Futtertiere annimmt.

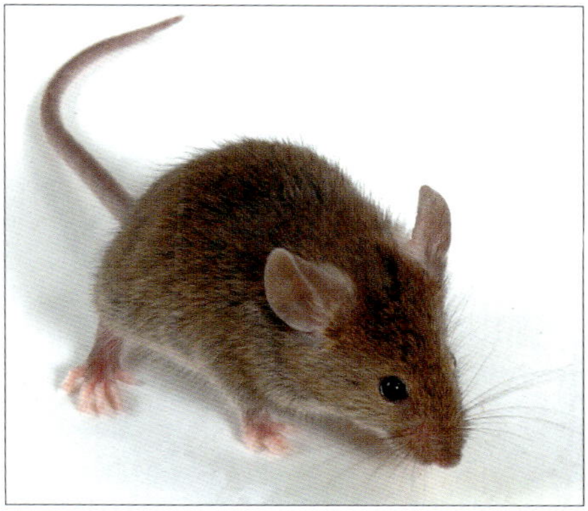

Probleme bei der Fütterung

Nicht alle Kornnattern fallen sofort über ihr Futter her. Häufig gibt es für die Futterverweigerung gute Gründe. So nehmen beispielsweise trächtige Weibchen ein paar Wochen vor der Eiablage keine Nahrung mehr zu sich. Einige Schlangen fressen nicht in der Häutungsphase. Auch die Temperatur im Terrarium spielt eine Rolle. Ist es den Kornnattern zu heiß oder zu kalt, kann ihnen das den Appetit verderben. Unter Umständen hat die Schlange auch Probleme mit dem Futtertier. Es könnte zu groß sein. Auch Stress beeinträchtigt das Fressverhalten. Dieser kann durch einen Transport, ein unbekanntes Terrarium oder einen neuen Mitbewohner ausgelöst werden. Neben all diesen Faktoren besteht natürlich auch die Möglichkeit, dass die Kornnatter krank ist.

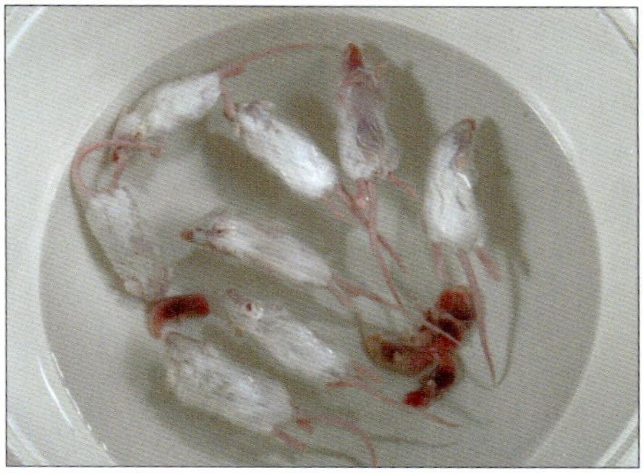

Nicht jeder bringt es übers Herz, so einen kleinen Nager zu verfüttern. Ein Aspekt, der vor der Anschaffung bedacht werden muss.

Das Auftauen der Futtertiere kann mit warmem Wasser beschleunigt werden.

Appetitlosigkeit kann bei allen Kornnattern schon mal vorkommen.

Appetitanreger:

- Ein paar Tage warten und erneut Futter anbieten.
- Angebot wechseln: Geben Sie statt einer Maus eine junge Ratte, statt einem weißen einen braunen Nager.
- Decken Sie das Terrarium zum Fressen ab. Einige Schlangen fressen gerne ungestört im Dunkeln.
- Füttern Sie Ihre Kornnatter zu einer anderen Tageszeit. Einige Exemplare nehmen lieber abends als tagsüber Nahrung zu sich.
- Ritzen Sie den Kopf eines toten Futtertiers mit einem Skalpell an bis Gehirnflüssigkeit austritt. Das weckt den Appetit der Schlange. Diese Methode wird hauptsächlich bei fressunwilligen Jungtieren angewandt.

Gut zu wissen
Erbricht sich die Kornnatter, sollte das Tier nicht gleich wieder gefüttert werden. Der Organismus benötigt mehrere Tage, bis er wieder für eine Nahrungsaufnahme bereit ist. Vorsicht ist geboten, wenn die Schlange das Futtertier erst nach ein paar Tagen auswürgt. Dann kann eine Erkrankung das Erbrechen verursacht.

Zwangsfütterung

Nicht immer gibt es eine Erklärung für eine Fressverweigerung. Erwachsene Kornnattern können problemlos einige Wochen ohne Futter auskommen. Die Zwangsfütterung ist wirklich das allerletzte Mittel. Sie sollte erst zum Einsatz kommen, wenn die Kornnatter über einen langen Zeitraum nicht frisst und stark abnimmt.

Die Zwangsernährung ist nichts für Anfänger. Bitten Sie einen erfahrenen Schlangenhalter oder einen reptilienkundigen Tierarzt um Hilfe. Bei der Zwangsfütterung wird der Schlange der Kiefer geöffnet. Dafür eignet sich ein kleiner Holzspatel, erhältlich in Apotheken. Das tote Futtertier wird mit dem Kopf voran ins Maul gesteckt und schließlich in den Schlund geschoben. Mit etwas Glück macht die Kornnatter jetzt Schlingbewegungen. Wenn nicht, muss das Futtertier per Handmassage Richtung Magen transportiert werden.

Wichtig: Wer mehrere Kornnattern hält, sollte diese nicht gemeinsam füttern. Das gibt nur Ärger. Die Schlangen könnten sich in dasselbe Futtertier verbeißen. Die Tiere müssen in getrennten Boxen speisen. Aber auch danach ist Vorsicht geboten. Riecht eine der Schlangen zu sehr nach Beute, könnte das sogar Kannibalismus zur Folge haben.

Generell ist es besser, die Schlange nicht im Terrarium zu füttern. Sie könnte auch Sie beißen, wenn Sie das Futtertier reichen oder Holzteilchen der Einstreu mitverschlucken, was zu Darmverschluss und ihrem Tode führen würde.

Frisch geborene Mäusebabys werden von Schlangenhaltern auch „Pinkies" genannt. Die winzigen Nager haben noch kein Fell auf ihrer rosafarbenen Haut. Nach etwa einer Woche bildet sich erster Haarflaum. In diesem Alter nennt man sie „Speckies". Jungmäuse werden als „Springer" und ausgewachsene Nager als „Adulti" bezeichnet.

Tipp

Küken als Futtertiere verursachen bei Kornnattern einen stärker riechenden, mehr dünnflüssigen Kot.

Die Verabreichung von Futterergänzungsmitteln ist in der Regel nicht notwendig. Gesunde, gut ernährte Futtertiere enthalten alle Nährstoffe, Mineralien und Vitamine, die eine Kornnatter benötigt.

Futtertierzucht

Viele Schlangenhalter vermehren ihre Futternager selbst. So können sie gewährleisten, dass die Mäuse gesund ernährt werden und die Kornnattern damit alle wichtigen Nährstoffe erhalten. Außerdem ist diese Art der Futterbeschaffung praktisch und günstig. Überschüssige Tiere können eingefroren werden. So hat man nicht nur immer Futter im Haus, man tötet damit auch gleichzeitig einige Parasiten ab, die auf die Schlangen übertragen werden könnten.

Wichtig: Eingefrorene Tiere dürfen erst verfüttert werden, wenn sie aufgetaut und auf Körpertemperatur erwärmt sind. Hier kann

man mit heißem Wasser nachhelfen. Aufgetaute Nager dürfen nicht wieder eingefroren werden!
Die Nagerzucht hat nicht nur Vorteile. Sie ist mit Arbeit und Verantwortung verbunden. Die kleinen Tierchen können zudem einen unangenehmen Geruch verbreiten. Wenn man Aufwand und Nutzen abwägt, macht die Futterzucht erst Sinn, wenn man mehrere Schlangen hält.

Artgerechte Futtertierhaltung

Eigentlich eine Selbstverständlichkeit, sollte aber dennoch erwähnt werden: Auch die Futtertiere müssen im Sinne des Tierschutzes gehalten werden! Idealerweise hält man die Nager in einem etwas dunkleren Raum bei einer Temperatur von etwa 20 bis 23 °C. Der geräumige Käfig sollte aus einer Kunststoffwanne mit feinem Gittergeflecht bestehen (Makrolonkäfig).
Regelmäßige Käfigreinigung ist Halterpflicht. Deshalb sollten Sie mindestens einmal wöchentlich eine Komplettreinigung durchführen. Damit es nicht zu Geruchsbelästigung kommt, ist es ratsam, die Kot- und Urinecken öfter zu säubern. Die Bodenstreu (circa 5 cm hoch) sollte regelmäßig ausgetauscht werden. Entfernen Sie dabei altes Futter und Nestmaterial. Zum Großputz gehört auch das Auswaschen der Schale und Abspülen der Einrichtung. Verzichten Sie auf Reinigungs- und Desinfektionsmittel, der Geruch ist für die Tiere unangenehm und könnte zudem giftige Rückstände hinterlassen. Heißes Wasser und eine Bürste reichen völlig. Urinstein können Sie mit Essigsäure entfernen, danach müssen Sie aber gründlich den Behälter abspülen.
Hartnäckigen Schmutz können Sie mit einer Wurzelbürste entfernen. Futter und Wasser müssen frisch und frei von Unrat sein. Denken Sie daran, je besser Sie die Futtertiere halten, desto gesünder sind sie. Und das heißt wiederum, dass Sie Ihre Kornnatter gesund ernähren.

Infobox
Reinigungsplan Futtertiere

Täglich:
- Durchnässte Einstreu gegen neue austauschen.
- Alte Futterreste entfernen.
- Frisches Wasser in die Nippelflaschen füllen.
- Trinkflasche ausspülen.
- Verschmutztes und altes Futter gegen frisches austauschen.

Einmal wöchentlich:
- Saubere Zeitung als Unterlage auslegen.
- Einstreu komplett wechseln, Unterschale und Futterutensilien sorgfältig abwaschen.

Monatlich:
- Gitterstäbe (Käfigoberteil) reinigen

Ernährung der Futtertiere

Achten Sie auf eine abwechslungsreiche und ausgewogene Ernährung. Das heißt, eine vernünftige Kombination aus Körner-, Saft-, Grün-, Nage- und Beifutter. Das Futter muss frisch sein. Finger weg von verschimmelter, verdorbener oder nasser Nahrung.
Es reicht, wenn Sie die Tiere nur einmal täglich, am besten zu einem festen Zeitpunkt füttern. Bei der Menge müssen Sie sich nach

Erfahrungswerten richten. Geben Sie nur so viel, dass am nächsten Tag nur noch wenig übrig ist. Geben Sie den Nagern kein Futter, das eigentlich für Kaninchen oder Meerschweinchen vorgesehen ist. Diese Tiere haben andere Ansprüche an ihre Ernährung. Im Fachhandel erhältliche Ratten- und Mäusepellets enthalten alle erforderlichen Nährstoffe und können mit Grünfutter ergänzt werden.
Saft- und Grünfutter gehören auf den täglichen Speiseplan und sind wichtig für die Gesundheit der Tiere. Dazu zählen Salate, Obst und Gemüse. An Gemüse können Sie Tomaten, Gurken, Avocados, Zucchini, Möhren oder Paprika verfüttern. Beliebte Obstsorten sind unter anderem Äpfel, Melonen, Weintrauben, Erdbeeren oder Bananen.
Wichtig: Geben Sie den Tieren nur ungespritztes Obst und Gemüse. Verzichten Sie auf Zitrusfrüchte, Heu und Klee – dies kann zu Verdauungsproblemen führen.

Auch tierisches Eiweiß sollte in der Ernährung nicht fehlen. Das benötigen die Nager vor allem während der Trächtigkeit und Aufzucht der Jungtiere. Geben Sie den Tieren zwischendurch ein Stückchen hart gekochtes Ei sowie naturbelassenen Quark oder Joghurt.
Sogenanntes Beifutter sind Lebensmittel, die sättigend und stärkehaltig sind. Dazu gehören gekochte Nudeln, Kartoffeln und Reis. Beifutter können Sie den Tieren zweimal die Woche anbieten.
Da Mäuse und Ratten Nagetiere sind, brauchen sie zur Beschäftigung und zum Zahnabrieb Knabbermaterial. Ungespritzte Zweige von Obstbäumen und einigen Laubbäumen (Buche, Haselnuss) eignen sich dafür. Auch hartes, trockenes und nicht verschimmeltes Brot wird gerne genommen. Im Handel erhalten Sie für den Zahnabrieb auch sogenannte Nagesteine, diese versorgen die Tiere auch gleichzeitig mit Mineralien. Das ist besonders wichtig für den Nachwuchs.
Die Nager brauchen täglich frisches Wasser. Spülen Sie auch jeden Tag die Trinkflaschen aus, damit sich keine Bakterien oder Algen ansetzen können.

Futtertiere haben Anspruch auf eine artgerechte Haltung. Nicht zu vergessen: Gesunde Nager sichern auch eine gesunde Schlangenernährung.

Wichtig: Zur artgerechten Haltung von Mäusen und Ratten gehört auch, dass ihnen Verstecke, Nisthöhlen und Beschäftigungsmöglichkeiten geboten werden, ebenso Nagematerial für die ständig nachwachsenden Zähne. Je nachdem, wie groß die Zucht wird, müssen die Tiere auf mehrere Käfige verteilt werden.

Wurzeln und Äste sind Häutungshilfen

Krankheiten

Kornnattern sind in der Regel robuste Reptilien. Sie sind dennoch nicht vor Bakterien, Parasiten oder Verletzungen gefeit. Häufig werden Krankheiten durch falsche Haltung verursacht. Ein verantwortungsvoller Schlangenhalter sollte das Verhalten und Aussehen seiner Tiere beobachten, um bei Auffälligkeiten möglichst schnell eingreifen zu können. Wer Beschwerden nicht in den Griff bekommt, muss seine Kornnatter von einem Tierarzt untersuchen lassen. Dabei ist es wichtig, dass der Arzt reptilienerfahren ist. Leider sind diese Experten noch nicht weit verbreitet. Am besten fragt man andere Schlangenhalter nach einem erfahrenen Reptilienarzt in der Nähe.

Legenot

Ist ein trächtiges Schlangenweibchen nicht in der Lage, Eier abzulegen, spricht man von einer Legenot. Verbleiben die Eier in der Schlange, kann das für das Tier fatale Folgen haben. Für einen unerfahrenen Schlangenhalter ist es gar nicht so einfach, zu erkennen, ob sein Tier Legenot hat.

Anzeichen: Die Kornnatter wird auffallend unruhig, sucht unablässig geeignete Eiablageplätze auf oder zeigt ergebnislose Wehen. Ist dies der Fall, müssen Sie dringend einen Tierarzt aufsuchen. Dieser wird zunächst versuchen, die Wehen künstlich zu verstärken. Zeigt das keinen Erfolg, müssen die Eier operativ entfernt werden.
Die Ursachen für eine Legenot sind vielfältig. Zum einen können die Eier zu groß sein. Aber auch Haltungsfehler sind häufige Auslöser. Das Weibchen reagiert auf fehlende oder ungeeignete Eiablageplätze, falschen

Löst sich die Haut nicht vollständig, muss der Halter eingreifen.

Bodengrund, fehlerhafte Temperatur- oder Feuchtigkeitsverhältnisse. Einige trächtige Schlangen reagieren auch sensibel auf Artgenossen im Terrarium.

Häutungsprobleme

Bereits wenige Tage nach dem Schlüpfen häutet sich die kleine Kornnatter das erste Mal. Bei der Häutung wird das Natternhemd meist in einem Stück abgestreift. Leider haben manche Terrarienschlangen Probleme mit der Häutung. Der Grund dafür liegt meist in einer fehlerhaften Haltung.

Mögliche Ursache: Die Luftfeuchtigkeit ist zu niedrig. Ist die Luft zu trocken, kann sich die alte Haut nur schwer lösen. Einige Schlangen versuchen dann, den Feuchtigkeitsmangel über ein Bad im Wassernapf

auszugleichen. Sobald man erkennt, dass sich die Kornnatter in einer Häutungsphase befindet, sollte die relative Luftfeuchtigkeit auf etwa 70 bis 80 % erhöht werden. Bieten Sie der Schlange zudem ein Versteck im Terrarium an, das etwas feuchter gehalten wird als der restliche Bodengrund.

Achten Sie darauf, dass die Kornnatter genügend Reibungsmöglichkeiten im Terrarium hat, wie Äste, Wurzeln oder Kunststoffpflanzen. Auch in einem Quarantäneterrarium müssen solche Häutungshilfen zur Verfügung stehen. Löst sich die Haut nur stellenweise ab, muss man nachhelfen. Hier hilft oft ein warmes Bad bei etwa 25 bis 28 °C. Meist löst sich die Haut danach von alleine oder kann vom Halter abgestreift werden.

Vorsicht: Probleme mit alter Haut
Verbleibt alte Haut am Schwanzende, kann es zu Durchblutungsstörungen kommen. Die Folge: Die Schwanzspitze verfärbt sich dunkel, ist „ausgetrocknet" und fällt ab. In seltenen Fällen kann es zu größeren Gewebezerstörungen kommen. Dann sollte dringend ein reptilienerfahrener Tierarzt aufgesucht werden.

Hautpilzinfektion (Mykose)

Eine Mykose ist häufig die Folge einer zu feuchten Haltung, hervorgerufen durch Staunässe, mangelhafter Belüftung oder einer zu hohen Luftfeuchtigkeit, aber auch über kleine Hautverletzungen. Der Pilz zeigt sich zunächst mit Rötungen und dann mit Verdickungen. In vielen Fällen sind die Bauchschuppen betroffen. Die Behandlung einer Mykose muss von einem Tierarzt durchgeführt werden.

Hautverletzungen

Verletzungen, wie durch den Biss eines Futtertieres, sollten sofort desinfiziert werden. Tragen Sie anschließend eine Wund- und Heilsalbe auf. Heilt die Wunde nicht ab oder treten Infektionsanzeichen auf, müssen Sie einen Tierarzt aufsuchen.
Abhängig von der Verletzung und Konstitution der Kornnatter kann der Heilungsprozess langwierig sein. Manchmal ist die Wunde erst nach einigen Häutungen vollständig abgeheilt. An den betroffenen Stellen kann es dann zu einer unregelmäßigen Schuppenbildung (Vernarbung) kommen.

Beugen Sie einer Infektion vor: Desinfizieren Sie Bisswunden sofort.

Kotstau

Die Kornnatter kotet nicht mehr selbstständig ab, der verhärtete Kot verbleibt im Enddarm. Der Kotstau lässt sich gut ertasten. Mögliche Ursachen sind zu trockene Haltung, verschluckter Bodengrund, Darmerkrankungen oder zu große Futtertiere. Ein warmes Bad und eine sanfte Massage im Darmbereich können hier helfen. Kotet die Schlange dennoch nicht ab, muss der Tierarzt weitere Maßnahmen einleiten (Einlauf, gegebenenfalls Behandlung der Ursache).

Parasiten

Viele Schlangen werden von den winzigen unerwünschten Besuchern befallen. Dabei unterscheidet man Parasiten, die auf der Haut sitzen (Ektoparasiten) und solche, die sich im Inneren des Tieres (Endoparasiten) befinden. Parasiten können lästig, unangenehm und manchmal auch lebensgefährlich sein. Wichtig ist, dass alle erforderlichen Hygienemaßnahmen beachtet werden, wie Umquartieren in ein Quarantäneterrarium und sorgfältige Desinfektion (von Terrarium, Futterzange, Händen u.a.). So verhindert man, dass sich die kranke Kornnatter neu infiziert oder andere Tiere ansteckt.

Ektoparasiten

Zecken: Auch Schlangen – in der Regel Wildfänge – können Zecken haben. Die kleinen Blutsauger können aber auch über natürliches Einrichtungsmaterial (Äste, Wurzeln etc.) eingeschleppt werden. Zecken lassen sich mit einer Zeckenzange meist problemlos entfernen. Wichtig: Der Kopf muss ebenfalls entfernt werden, sonst kann es böse Infektionen geben. Die Bissstelle muss anschließend desinfiziert werden. Unerfahrene sollten sich diese Methode von einem erfahrenen Schlangenhalter oder Arzt zeigen lassen.

Milben: Diese Parasiten treten bei Schlangen relativ häufig auf, vor allem die Schlangenmilben (*Ophionyssus natricis*). Sie sind in der Regel nicht gefährlich, lösen aber extremen Juckreiz aus und können Folgeerkrankungen hervorrufen. Auf den Milbenbefall reagieren viele Schlangen nervös und gestresst und verweigern unter Umständen das Futter.

Milben können sich innerhalb weniger Wochen massenhaft vermehren. Diese nur etwa ein Millimeter großen Plagegeister sind als kleine schwarze Pünktchen zu erkennen. Ebenfalls sichtbar sind die winzigen weißen Ausscheidungen der Milben. Spätestens nach einer Häutung wird man auf sie aufmerksam, denn die Milben bleiben in der abgestreiften Haut hängen. Doch das heißt nicht, dass die Plage ein Ende hat. Im Terrarium tummeln sich noch jede Menge dieser Parasiten, allzeit bereit, sich wieder auf ihr hilfloses Opfer zu stürzen.

Befallene Kornnattern versuchen den Blutsaugern zu entkommen, indem sie sich längere Zeit oder ungewöhnlich häufig in ihren Wassernapf legen. Wer das beobachtet, sollte alarmiert sein und seine Schlange auf Milben untersuchen.

Die Kornnatter muss so lange in einem anderen Terrarium untergebracht werden, bis ihr altes Heim samt Einrichtung restlos gereinigt und von den Milben und deren Eiern befreit wurde. Für die Milbenbekämpfung gibt es in Fachhandlungen spezielle Präparate (Sprays, Strips u.a.), die sowohl im Terrarium als auch direkt auf der Schlange angewendet werden können. Die Mittel sollten nicht willkürlich eingesetzt werden. Am besten holen Sie sich fachmännischen Rat.

Ein Terrarium muss desinfiziert werden. So lange muss die Kornnatter ausquartiert werden.

Endoparasiten

Zu den Endoparasiten zählen Würmer (wie Bandwürmer) und Einzeller (wie Amöben, Flagellaten). Diese werden zu einem gesundheitlichen Problem, wenn sie überhandnehmen. Bei Verdacht muss Kot und/oder Blut des Tieres labortechnisch untersucht werden. Bei positivem Befund wird die Kornnatter mit Medikamenten behandelt. Auch hier gilt: Das Terrarium muss gründlich desinfiziert werden.

Flagellaten

Diese Geißeltierchen können schwere Erkrankungen hervorrufen. Die Schlange kann trotz regelmäßigem Fressen abnehmen. Es ist möglich, dass das befallene Tier unter heftigem, blutigem Durchfall und Erbre-

chen leidet. Meist sind gestresste oder geschwächte Tiere betroffen. Bei ihnen wird eine krankhafte Erregervermehrung im Darm ausgelöst.

Amöben

Diese Einzeller befallen den Darm und verursachen eine heftige Darmentzündung (Amöbenruhr). Die hoch infektiöse Erkrankung kann unbehandelt innerhalb weniger Tage zum Tod führen. Symptome sind blutiger und schleimiger Kot, Durst und Apathie. Bei einigen Tieren kommt es zu Verdickungen im Enddarm, die sich ertasten lassen.

Kryptosporidien

Die Parasiten verursachen eine Verdickung der Magenwände. Der so verkleinerte Magen führt dazu, dass das Futtertier wieder ausgewürgt wird. Die mögliche Folge: Die infizierte Schlange verhungert.

Lungenwürmer

Diese Parasiten befallen die Lunge. Hier zerstören sie dann Gewebe, was wiederum zu einer Lungeninfektion und Atemnot führen kann. Der Befall kann für das Tier tödlich enden.

Bandwürmer

Sie lösen unter Umständen eine Darminfektion aus, die einen chronischen Verlauf nehmen kann. Auffällig ist, dass die Schlange trotz geregelter Nahrungsaufnahme nicht zunimmt. Ausgeschiedene Bandwurmglieder lassen sich im Kot erkennen.

Bakterielle Erkrankungen

Bakterien haben vor allem bei gestressten und geschwächten Tieren leichtes Spiel. Ihr eigenes Abwehrsystem ist so geschwächt, dass es die Vermehrung und Verbreitung der Erreger nicht verhindern kann.
Das Immunsystem ist auf eine gesunde Ernährung, aber auch auf eine artgerechte Haltung angewiesen. Dabei spielen Reize, wie Temperatur und Licht, eine wichtige Rolle. Sie stimulieren das Immunsystem der Schlange. Wärme und Beleuchtung müssen dem natürlichen Tag- und Nachtrhythmus der Kornnatter entsprechen. Auch die Einrichtung des Terrariums sorgt für wechselnde Reize. Dem Tier müssen Versteck- und Klettermöglichkeiten geboten werden.

Salmonellen

Die Bakterien können eine sogenannte Salmonellose hervorrufen. Es kommt zu einer Infektion des Magen-Darm-Traktes, die zu starkem Durchfall führen kann. Häufig bleibt die Infektion symptomfrei. Das ist besonders tückisch, denn manche Erreger sind auf den Menschen übertragbar. Für ältere, geschwächte und sehr junge Menschen kann eine Salmonellose lebensgefährlich sein.

Maulfäule

Diese bakterielle Erkrankung tritt in der Regel nur bei Schlangen auf, die ein geschwächtes Immunsystem haben – hervorgerufen durch Stress, eine Verletzung sowie Ernährungs- oder Haltungsfehler. Mögliche Symptome sind ein zunächst gerötetes, später helles Zahnfleisch sowie Atemgeräusche und Appetitlosigkeit. Oft hält die Kornnatter ihr Maul leicht geöffnet.
Ist die Infektion noch nicht weit fortgeschritten, leidet das Tier unter einer Maulschleimhautentzündung, die sich mit einfachen Mitteln behandeln lässt: Abtupfen der Maulschleimhaut mit einem Mund- und Rachendesinfektionsmittel, einem Wasser-Essig-Gemisch (Verhältnis 1:3) oder einer dreiprozentigen Supronal-Suspension. Für das zwei- bis dreimal tägliche Betupfen benutzt man am besten ein Wattestäbchen.
Im fortgeschrittenen Stadium der Mundfäule kann es zu Eiterbildung, Zahnausfall und schlimmstenfalls zu einer Zerstörung von Gewebe und Knochen kommen. Dann ist die Maulfäule lebensbedrohlich. Sobald die ersten Eiterherde entdeckt werden, sollte die Schlange deshalb sofort tierärztlich behandelt werden.

Lungenentzündung

Eine Lungenentzündung ist meist die Folge von Haltungsfehlern. Zugluft und ein zu

Nicht schludern: Haltungsfehler können Krankheiten verursachen.

kaltes Terrarium können die Auslöser sein. Hat die Schlange eventuell noch ein geschwächtes Immunsystem, haben die Erreger leichtes Spiel. Mögliche Symptome einer Lungenentzündung sind eine rasselnde Atmung, Niesen, ein geröteter Schlund, Durst sowie ein geöffnetes und verschleimtes Maul. Ein Rachenabstrich gibt Auskunft über den auslösenden Erreger. Abhängig vom Untersuchungsergebnis wird der Tierarzt ein entsprechendes Antibiotikum verabreichen.

Mögliche Krankheitsanzeichen:

- häufiges Baden im Wassernapf
- dunkle Punkte oder sonstige Veränderungen auf der Haut
- unruhiges und gestresstes Verhalten
- Apathie
- Kornnatter liegt ausgestreckt im Terrarium
- Atmen mit geöffnetem Maul
- Schleimbildung im Maul
- Zahnfleischveränderungen
- rasselnde Atemgeräusche
- Hautveränderungen (Rötungen, Verdickungen u.a.)
- Fressverweigerung
- Auswürgen der Nahrung
- Verlust an Körpermasse
- Kotstau
- häufiges Trinken
- breiiger Kot (Ausnahme: nach dem Verzehr von Eintagsküken)
- gestörte Bewegungsabläufe (Lähmungserscheinungen, Koordinationsstörungen)

Wer Farbvariationen züchten möchte, muss die Grundbegriffe der Vererbungslehre kennen.

Vermehrung

Bevor man sich mit der Vermehrung seiner Kornnattern beschäftigen will, sollte man sich darüber im Klaren sein, dass damit mehr Arbeit, mehr Verantwortung und mehr Ausgaben verbunden sind.
Oft sind die auffälligsten Farbschläge die Folge von Inzucht, aber hier muss man vorsichtig sein. Die Familienverpaarung kann beim Nachwuchs zu einem gestörten Immunsystem, kürzerer Lebensdauer, Missbildungen und Unfruchtbarkeit führen. Die Tiere sollten auf jeden Fall allen Ansprüchen genügen, das heißt, sie sind gesund und frei von Missbildungen. Wer seine Kornnattern nicht nur vermehren, sondern in Hinblick auf bestimmte Farb- und Zeichnungsvarianten züchten will, sollte sich eingehend mit der Genetik der Kornnattern beschäftigen. Die Tiere müssen abhängig von ihren Erbfaktoren verpaart werden. Dabei ist zu berücksichtigen, welche Anlagen dominant (vorherrschend) oder rezessiv (zurücktretend) sind.

Ein ausreichend großes Terrarium ist Voraussetzung für eine erfolgreiche Fortpflanzung. Zudem müssen noch weitere Terrarien zur Verfügung stehen, um das Männchen auszusiedeln oder eine Schlange in Quarantäne zu halten.

Voraussetzungen

Kornnattern werden mit etwa zwei Jahren geschlechtsreif. Männchen sind häufig etwas frühreifer, Weibchen hingegen mitunter später zuchtreif. Das Zuchtweibchen darf nicht zu klein sein. Die Schlange sollte

etwa 300 g wiegen. Die Trächtigkeit und die Eiablage zehren an den Kräften des Tieres. Es kommt zu einem beachtlichen Masseverlust, den eine schmächtige Schlange unter Umständen nicht überleben würde.

Wer eine Verpaarung plant, sollte sein Weibchen zuvor ausreichend und gesund ernähren.

Ist die Schlange nach der Eiablage sehr mitgenommen, sollten Sie das Männchen entfernen, damit es nicht zu einem Zweitgelege kommt. Schonen Sie das geschwächte Tier.

Paarung

Wer vermehren möchte, sollte seine Kornnatter vorher Winterruhe halten lassen. Die winterliche Auszeit regt beim Männchen die Spermienproduktion an. Nach der ersten Häutung nach der Winterruhe erfolgen bald erste Paarungen.

Das Weibchen signalisiert mit Lockstoffen (Pheromonen) seine Paarungsbereitschaft. Das Männchen reagiert in der Regel, nimmt die „Verfolgung" des Weibchens auf und beginnt mit der Werbung. Er reibt seinen Kopf über dessen Körper. Schließlich legt er sich mit seinem Körper auf den des Weibchens und umschlingt es. Man sieht von außen sich windende Schlangenschwänze. Das Männchen führt jetzt einen Hemipenis in die Kloake des Weibchens ein. Die Kopulation zieht sich über einige Minuten hin, kann aber auch über mehrere Stunden dauern. Die Kornnattern paaren sich oft mehrmals.

Trächtigkeit

Ist das Weibchen trächtig, geht es nicht mehr auf das Werben des Männchens ein. Bald darauf stellt es auch die Futteraufnahme ein. Das Weibchen nimmt an Umfang zu, die Eier lassen sich am Bauch ertasten.

Das trächtige Weibchen benötigt ideale Eiablageplätze.

Das Tier zieht sich häufig zurück. Etwa ein bis zwei Wochen vor der Eiablage häutet sich die Kornnatter noch einmal. Ungefähr eine Woche vor der Eiablage wird sie wieder aktiv, wirkt nervös und durchsucht ihr Heim nach einem geeigneten Platz für das Gelege. Hat das Weibchen dann die richtige Stelle gefunden, bleibt es dort. Potenzielle Eiablageplätze sollten etwas feuchter gehalten werden als der restliche Bodengrund. Ein Behälter mit leicht angefeuchtetem Torf und Moos kann dabei gute Dienste leisten. Die Trächtigkeit kann zwischen vier und acht Wochen dauern. Das Gelege besteht aus 15 bis 20 Eiern. Je nach Körpergewicht legen die Tiere weniger oder mehr Eier.

„Männer-Zoff"

Sind zur Paarungszeit zwei Männchen im Terrarium, zeigen sie manchmal ein interessantes Schauspiel. Sie umringen sich und versuchen den Kopf des Rivalen niederzudrücken. Diese sogenannten Kommentkämpfe sind eine unblutige Angelegenheit. Das schwächere Männchen zieht sich zurück und überlässt dem stärkeren Nebenbuhler das paarungswillige Weibchen. Es ist aber nicht sicher, ob es sich bei diesen Kommentkämpfen immer um die Bemühungen um die Gunst eines Weibchens handelt.

In diesem Gelege ist das oebere Ei vertrocknet. Aus dem Ei rechts ist das Junge bereits geschlüpft.

Dellen am Ei können ein Zeichen dafür sein, dass der Schlupf kurz bevorsteht. Dieses Ei ist jedoch zu stark eingefallen.

Mit ihrem Eizahn schlitzen die Schlüpflinge die Eierschale von innen auf.

Nach dem Schlupf der ersten Jungschlangen folgen bald die nächsten.

Solange das Weibchen trächtig ist, können Sie das Männchen in einem anderen Terrarium unterbringen. Das Muttertier braucht Ruhe. Stress kann zu Legenot führen.

Intimsphäre:
Sich paarende Kornnattern dürfen nicht gestört werden. Denn stürmt das aufgeschreckte Weibchen während der Paarung davon, wird der festsitzende Hemipenis aus der Kloake des Weibchens abrupt herausgerissen. Dieser Vorgang kann beim Männchen Verletzungen verursachen.

Das Weibchen kann Spermien noch einige Zeit in einer Art Tasche speichern. Diese Eigenschaft kann so Monate später scheinbar ohne Paarung zu befruchteten Gelegen führen.

Brutpflege und Schlupf

Die Kornnatter betreibt keine Brutpflege. Sie legt die Eier ab, und dann ist ihre Aufgabe erledigt. Damit den Eiern nichts passiert und möglichst viele Schlangen schlüpfen, muss der Schlangenhalter helfend eingreifen. Direkt nach der Eiablage sollten die Eier in einen Brutkasten (Inkubator) gelegt werden. Inkubatoren kann man im Fachhandel kaufen oder selbst bauen.

Manchmal muss bei der Nahrungsaufnahmne nachgeholfen werden.

Die Brutbox sollte rundum abgeschlossen sein. Die Temperatur im Brutkasten: 27 bis 29 °C, 30 °C führt zu Missbildungen. Das Brutsubstrat muss leicht feucht gehalten werden. Der Deckel der Brutbox muss Luftlöcher haben, sonst ersticken die Eier.

Wann die kleinen Kornnattern schlüpfen (Inkubationszeit), ist abhängig von der Temperatur und es kann etwa 60, aber auch 80 Tage dauern. Steht der Schlupf kurz bevor, können sich auf den Eierschalen Dellen bilden. Die elastische Eierschale fällt etwas ein. Bald werden auch kleine Schlitze im Ei sichtbar. Diese ritzt der Schlüpfling von innen mit seinem Eizahn in die Schale ein und steckt dann sein Köpfchen durch. In dieser Position kann der Nachwuchs bis zu 24 Stunden verharren. Erst dann befreit er sich komplett aus der Eischale.

Brutsubstrat:
Hierfür eignen sich unter anderem Moos, Hydrogranulat oder Vermiculit. Letzteres ist ein saugfähiges Mineral, welches auch als Dämmmaterial im Bau und im Gartenbereich verwendet wird.

Hinweis:
Zusammengeklebte Eier dürfen nicht getrennt werden. In den ersten Stunden bildet sich an der oberen Seite innerhalb des Eis eine Luftblase. Nun darf das Ei nicht mehr bewegt werden!

Aufzucht

Innerhalb weniger Tage sollten alle kleinen Kornnattern des Geleges geschlüpft sein, unbefruchtete Eier faulen bereits einige Tage nach Ablage. Jungschlangen sollten sofort getrennt werden, denn Kannibalismus ist auch unter Kornnattern möglich. Sie können in kleinen kleinen Terrarien gehalten werden, mit kornatterngerechter Luftfeuchtigkeit und Temperatur.

Als Grundausstattung muss vorhanden sein: leicht auswechselbarer Bodengrund, frisches Wasser, Versteck- und Klettermöglichkeiten.

Das erste Futter erhalten die jungen Schlangen nach der ersten Häutung. Diese findet in der Regel etwa zehn Tage nach dem Schlupf statt. Ideale Futtertiere, alle fünf bis sieben Tage, sind Mäusebabys (Pinkies).

Bei vielen Jungschlangen ist die erste Futteraufnahme problematisch. Sie nehmen das Futter nicht an. Manchmal hilft es, einen abwehrenden Beißreflex bei den Schlangen auszulösen. Hat die kleine Kornnatter die

Beute erst mal im Maul, verschlingt sie sie auch manchmal. Wenn nicht, kann man das Futtertier der Jungschlange ins Maul legen und hoffen, dass sie angenommen wird. Während der Fressphase braucht das Tier absolute Ruhe. Stress jeglicher Form führt dazu, dass es die Beute wieder loslässt. Verweigert der Schlangennachwuchs über einen längeren Zeitraum (drei bis vier Wochen) die Nahrungsaufnahme, muss das Jungtier von einem erfahrenen Terrarianer zwangsgefüttert (gestopft) werden. Futterfeste Jungschlangen können wieder in kleinen Gruppen vergesellschaftet werden.

Das Futtertier muss mit den Jungschlangen „mitwachsen". Ein Pinky macht irgendwann nicht mehr satt.

Die Winzlinge mögen keinen Stress. Man sollte sie nur ausnahmsweise in die Hand nehmen.

Hat die junge Kornnatter etwa fünf bis sieben Mal selbstständig gefressen, kann man davon ausgehen, dass sie futterfest ist.

Die Präriekornnatter (*Pantherophis emoryi*) findet man in der Natur vor allem in trockenen Regionen.

Arten

Nach eingehenden wissenschaftlichen Untersuchungen wurde in den letzten Jahren die Systematik der Kornnatter überdacht und neu geordnet. Bis dahin wurde sie innerhalb der Familie der Nattern als eine Art mit drei bis vier Unterarten geführt. Nach dem aktuellen Stand sind die Kornnattern der Gattung der Kletternattern *Pantherophis* zugeordnet, die aus den Arten: *P. alleghaniensis; P. bairdi; P. obsoletus; P. spiloides; P. vulpinus* sowie den drei weiteren des sogenannten Kornnatterkomplexes: *P. guttatus, P. emory und P. slowinski* besteht. Diese werden im Folgenden kurz beschrieben.

Kornnatter (*Pantherophis guttatus*)

Die *Pantherophis guttatus* lebt in ganz unterschiedlichen Lebensräumen und Klimazonen. Man findet sie hauptsächlich im Osten, Südosten und Süden der USA. Sie mag einsame Waldgebiete ebenso wie menschliche Siedlungen. Die Kornnatter kann zwar bis zu 1,80 Meter lang werden, doch im Mittel erreicht sie etwa 1,30 Meter. Der Wildtyp ist rotbraun oder grau, die braunen Sattelflecken sind dunkel umrandet. Auf dem Bauch weist sie das charakteristische weiß-dunkle Schachbrettmuster auf.

Präriekornnatter (*Pantherophis emoryi*)

Die Präriekornnatter lebt im nordöstlichen Mexiko und in den zentralen Bundesstaaten der USA. Wie der Name vermuten lässt, bevorzugt diese Natter trockenere Regionen. Man findet sie aber nicht nur in sandigen Steppenlandschaften, sondern auch auf saftigen Wiesen oder in kargen Bergregio-

nen. Sie ist etwas kleiner als *Pantherophis guttatus*, dafür aber etwas stämmiger. Die Präriekornnatter wird durchschnittlich etwa 90 cm lang, kann eine Länge von maximal 1,50 erreichen. Ihre Grundfärbung ist hellgrau bis -braun. Die dunklen Sattelflecken sind schwarz umrandet, breiter, kürzer und zahlreicher als bei *P. guttatus*.

Slowinskis Kornnatter (*Pantherophis slowinskii*)
Diese Art hat ein relativ kleines Verbreitungsgebiet. Man findet sie in den US-Bundesstaaten Texas und Louisiana. Sie wird etwa einen Meter lang, selten erreicht sie eine Länge von 1,50 Meter. Sie ist graubraun mit schwarz umrandeten Sattelflecken. Ihre Zeichnung ähnelt der des *Pantherophis guttatus*.

Farbvarianten

Einer der Gründe, warum die Kornnattern heute eine so große Fangemeinde haben, sind ihre auffallend schönen Färbungen. Seitdem Kornnattern in Terrarien gehalten und vermehrt werden, hat sich die Farb- und Zeichnungspalette der Tiere um einiges erweitert. Dies ist das Ergebnis von Mutationen und gezielter Auswahlzuchten.
Mittlerweile gibt es über hundert Farbvarianten – und es kommen ständig neue hinzu. Die Verwirrung ist groß, selbst unter Fans. Die Namensgebung ist oft fragwürdig und hat selten einen wissenschaftlichen

Es müssen nicht immer Sattelflecken sein. Diesen „Red Albino“ ziert ein attraktives Streifenmuster.

Hintergrund. Oft hat ein und dieselbe Färbung unterschiedliche Bezeichnungen. Für den Laien ist es schwer, sich zurechtzufinden.

Wer gerne züchten und keine böse (Farb-) Überraschungen erleben möchte, sollte sich vorher an einen seriösen Züchter wenden. Dieser kann einen Anfänger in die Grundlagen der Genetik einweisen. Auch im Internet findet man zu dem Thema verständliche und hilfreiche Informationen (wie unter www.kornpedia.de). Jeder Farbvariante kann man noch eine Mustervariante zuordnen (beispielsweise Streifen statt Sattelflecken). Es ist an dieser Stelle nicht möglich, alle Varianten aufzuführen und zu beschreiben. Hier nur eine kurze Einführung in das umfangreiche Thema „Farbvarianten".

Eine Frage der Pigmente

Die Färbung der Kornnatter wird von mehreren Pigmentgruppen bestimmt: Kommen alle Farben zum Tragen, spricht man von einem wildfarbenen Tier. Fehlt nur eine Pigmentgruppe, nennt man das Tier auch eine teilalbinotische Schlange. Fälschlicherweise werden diese Tiere von vielen als „Albino" bezeichnet. Doch ein richtiger Albino weist überhaupt keine Farbpigmente mehr auf.

Wildfarbene Kornnattern:
In der Natur lokal vorkommende Farbschläge wie auch „Okeetee" oder „Miami" sind der Ursprung einer Farbzüchtung.

Amelanistische Kornnattern:
Diese Tiere haben keine schwarzen Pigmente (*Melanin*). Unter den amelanistischen Kornnattern gibt es zahlreiche Variationen, sie sind sehr beliebt, vor allem in den USA.

Anerythristische Kornnattern:
Der Haut fehlt die rote Pigmentgruppe. Sie kommen auch in der Natur, vor allem in Florida, vor. Ihre Haut weist Schwarz, sowie alle möglichen Grautöne auf. Auch hier gibt es wieder verschiedene Farbvarianten.

Axanthische Farbformen:
Bei diesen Schlangen sind die Gelbpigmente nicht ausgeprägt.

Die „Blizzard“ hätte in der Wildnis kaum eine Überlebenschance. Die helle Färbung bietet keine Tarnung.

Das abgebildete Tier zeigt eine besondere Rückenzeichnung, die durch Auswahlzucht entstand, der sogenannten Aztek-Linie.

„Creamsickle" ist eine Arthybride aus *P. emoryi* und *P. guttatus*. Mischlingszucht solcherart wird als sehr kritisch angesehen.

Diese anerythristische Kornnatter bezeichnet man auch als „Black Albino" (hier Typ A).

Die anerythristische „Silverqueen" ist gut getarnt.

Wer mit wem

Diese Tafel bietet eine Übersicht der bekannten Farbvarianten. Es handelt sich hierbei nicht um einen Stammbaum oder eine Abstammungstafel. Sie zeigt, aus welchen Kombinationen und Gendefekten die einzelnen Farbvarianten entstehen, und ob es sich dabei um eine Auswahl- oder Linienzucht handelt. Zu den Basisgendefekten gehören beispielsweise die aufgeführten Farbvarianten amelanistisch und anerythristisch. Vereinen sich beide Defekte auf einem Tier, entsteht die Farbvariante Snow. Das bedeutet: Der Kornnatter fehlen die Farbpigmente rot und schwarz.

Wer jedoch bestimmte Farbvarianten züchten möchte, sollte sich vorher eingehend mit der Vererbungslehre der Mendelschen Gesetze beschäftigen, damit er bei seinen Züchtungen keine Überraschungen erlebt. Denn auch wenn Sie die richtigen Schlangen miteinander verpaaren, bedeutet es nicht automatisch, dass Sie auch die gewünschte Farbvariante erhalten.

Kombinationstafel mit Farbvarianten

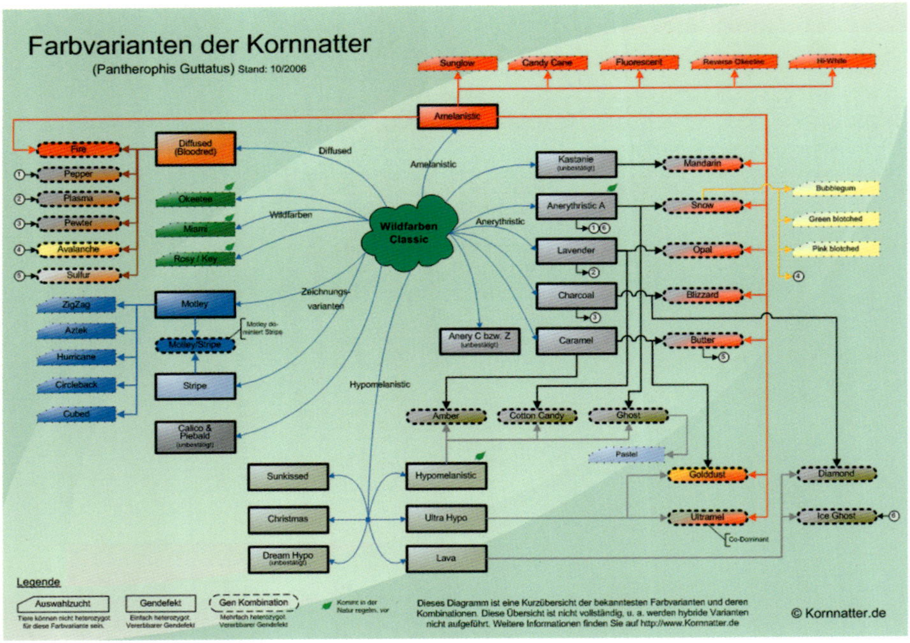

Grafik: © Marcel René Meißner, www.kornnatter.de

Eine „Reverse Okeetee“.

Diese Farbvariation trägt den passenden Namen „Blood Red“.

Die „Ghost“ ist eine anerythristische und hypomelanistische Kornnatter.

Hypomelanistische Kornnattern haben nur noch wenig Schwarz in ihrer Färbung.

„Butter Motley". Als Motley bezeichnet man eine veränderte Form der Flecken.

„Caramel"-Variante

Schön orange: „Mandarin“

In der Natur findet man die wildfarbene „Miami Phase“ nur in Florida, rund um Miami.

Eine „Snow“ ist zugleich amelanistisch und anerythristisch.

Snows sind sehr beliebt, vor allem in den USA.

Special

Bauanleitung für ein Holzterrarium

Terrarien aus Holz mit Glasschiebetüren sind günstig und relativ leicht zu bauen. Sie reduzieren zudem die Energiekosten, weil das Holz die Wärme besser speichert als Glas. Ist die Rückwand aus Holz, lassen sich Klettergelegenheiten leichter befestigen als an einer glatten Glaswand. Nachteil: In Rillen, Kanten und Ecken können sich Erreger einnisten, vor allem, wenn diese Stellen nicht richtig desinfiziert werden können. Das ist auch der Grund, warum ein Quarantäneterrarium immer aus Glas sein sollte. Das Glas für die Scheiben können Sie sich beim Glaser zuschneiden lassen. Es ist ratsam, die Schnittkanten zu schleifen, sonst besteht Verletzungsgefahr für Tier und Halter.

Die Bauanleitung ist nur ein Vorschlag und kann natürlich von Ihnen variiert werden. Denken Sie aber daran, dass das Schlangenheim auch sicher ist. Achten Sie auf das ordnungsgemäße Anbringen der Elektrik wie Kabel, Lampe oder Heizmatte.

Holzterrarium in Würfelform

Natürlich müssen Sie die Maße der Länge Ihrer Nattern anpassen und die Form des Terrariums ändern. Wenn Sie mehrere Tiere haben, können Sie auch zwei Würfel nebeneinander oder übereinander miteinander verbinden. Man kann ein Türchen einbauen und beispielsweise einen Würfel als Futterwürfel benutzen.

Die Maße des Terrariums ergeben sich aus den Standardmaßen einer günstigen OSB-Verlegeplatte. Natürlich können Sie auch

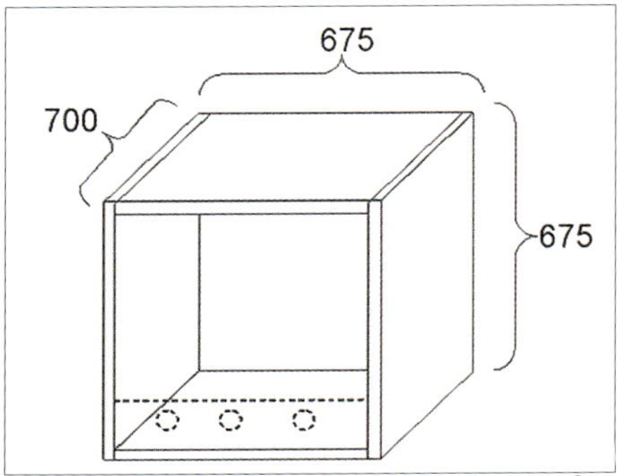

© Marcel René Meißner

Außenmaße:
H 675 mm x B 675 mm x T 700 mm
Innenmaße:
H 640 mm x B 640 mm x T 610 mm

jede andere Holzart verwenden. OSB-Platten (Grobspanplatten) werden für den Trockenbau in Häusern verwendet, dort dienen Sie dann als Wand- oder Bodenunterkonstruktion. Die Platten sind in jedem Baumarkt erhältlich. Lassen Sie sich die Bretter gleich zurechtschneiden.

Für einen Würfel fallen etwa 40 bis 50 Euro Materialkosten an. Der Arbeitsaufwand beträgt etwa zwei Tage, da der Lack eine Nacht aushärten sollte.

Material

2 OSB-Verlegeplatten aus dem Baumarkt Standardmäßig: 2050 mm x 675 mm in 15 mm Stärke
2 E-Profile, meist Meterware, in 640 mm Oberprofil (Profiltiefe circa 1 cm) und 640 mm Unterprofil (Profiltiefe circa 0,5 cm)
1 Silikonkartusche zum Verschweißen der Fugen und Aufkleben der E-Profile
1 rechteckige Lüftung für die Rückwand

1 Leuchtstoffröhre, am besten mit Kunststoffabdeckung (60 cm lang, 18 Watt)
2 Glasscheiben 53,1 cm x 33,5 mm (genaue Maße bitte am Profil nach dem Zusammenbau messen)
2 Dosen Holzlack

Tipps

Zum Abdichten der Fugen kann statt Silikon auch ein Fugenabdeckprofil eingesetzt werden. Das ist zwar etwas teuerer, aber einfacher zu handhaben und sieht zudem sehr professionell aus. Spielzeuglack (speichel- und schweißecht) enthält wenig Acryl. Bei herkömmlichen Acryllacken sollte man das Terrarium mindestens zwei Wochen „ausdünsten“ lassen. Die Konzentration der Dämpfe ist dann ebenfalls bedenkenlos. Beim Spielzeuglack reichen etwa drei Tage.

Schritt 1

Von der OSB-Platte sind 700 mm mit Feder abzulängen, so erhält man ein Brettmaß von 700 mm x 675 mm (675 mm ist die Standartplattenbreite für OSB-Platten). Dieser Schnitt wird bei beiden Platten durchgeführt. Diese Bretter werden später die Seitenteile des Terrariums.

Schritt 2

Auf den beiden Restplatten (2050 mm - 700 mm = 1350 mm) wird der nächste Schnitt bei 640 mm angezeichnet. Jetzt hat man zwei Bretter in den Maßen 640 mm x 675 mm - Deckel und Boden des Terrariums.

Schritt 3

Auf einer der Restplatten (1350 - 640 = 710 mm) wird der nächste Schnitt wieder bei 640 mm angezeichnet. Dieses Brett wird längs auf 660 mm gekürzt.

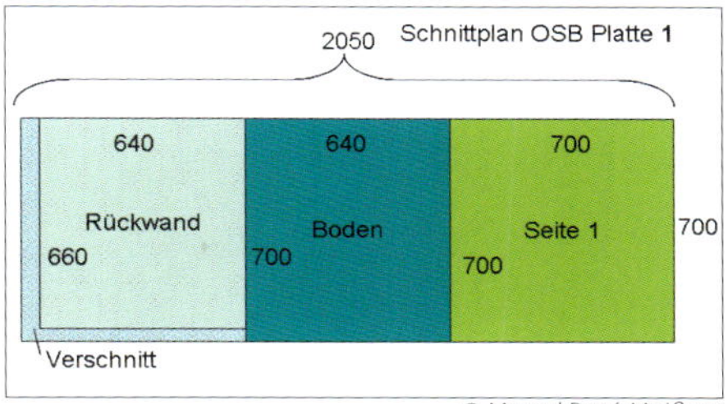

© Marcel René Meißner

Schritt 4

Aus dem zweiten 710 mm langen Reststück wird ein Brett von 640 mm x 120 mm ausgeschnitten. Dies wird der Steg für die Glasscheiben.

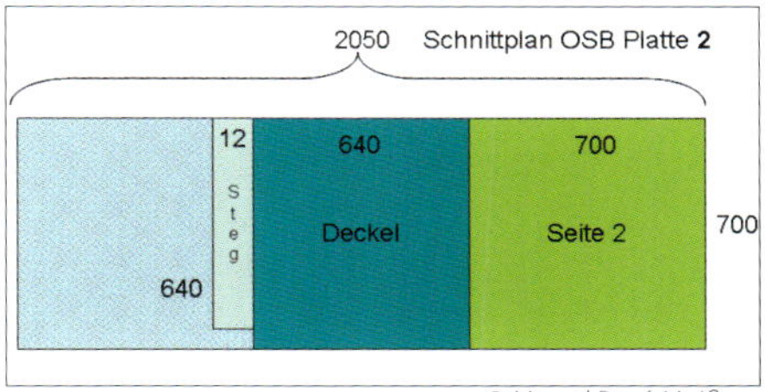

© Marcel René Meißner

Schritt 5

Zusammenbau: An der Bodenplatte 640 mm x 675 mm wird eine Seitenplatte 700 mm x 675 mm so angelegt, dass die Seite 15 mm gegenüber dem Boden hervorsteht. Das 700 mm Maß wird als Tiefe genommen und 675 mm als Höhe. Nut und Feder zeigen nach hinten und oben, man hat jetzt vorne eine glatte Schnittkante. Zwischen den Brettern wird Leim oder Silikon gespritzt, dies erhöht die Stabilität und macht die Fugen etwas wasserresistenter.

Wichtig: Beim Verschrauben unbedingt vorbohren, da die OSB-Platten sonst reißen. Außerdem sollten die Schrauben mit einem Senkbohrer oder einem dicken Bohrer versenkt werden.

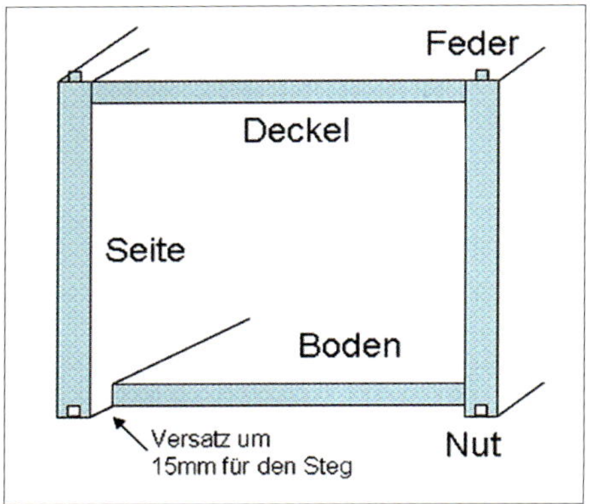

© Marcel René Meißner

Schritt 6
Ist keine helfende Hand in der Nähe, stützt man die fertige Seite an einer Wand ab, damit das Seitenteil nicht wegbricht. Die zweite Seitenwand wird, wie bereits in „Schritt 5" beschrieben, angeschraubt (Überstand nicht vergessen).

Schritt 7
Eine Seite bleibt zur Fixierung an der Wand. Nehmen Sie die Deckelplatte (640 mm x 625 mm) und legen diese mit der 625 mm langen Kante an das Seitenteil innen an der Wand an. Die andere Kante kommt passgenau auf das gegenüberliegende Seitenteil. Auch hier muss darauf geachtet werden, dass die Federn der Seitenteile nach oben überstehen. Die Deckplatte an der Seite mit der ersten Schraube fixieren, dann die restlichen Schrauben des Deckels festmachen. Das komplette Terrarium wird nun vorsichtig gedreht, damit die zweite Seite in gleicher Weise angebracht werden kann.

Schritt 8
Jetzt wird die Rückwand (640 mm x 660 mm) von hinten eingesetzt und von der Seite verschraubt. Dabei erhält man ein Innenbodenmaß (Tiefe) von 610 mm. Hinter der Rückwand verbleibt so ein Stauraum für die Elektrik und genügend Platz für die Belüftungszirkulation.

Schritt 9
Das Terrarium so drehen, dass der Steg (640 mm x 120 mm) eingesetzt werden kann. Der Steg wird mit Leim oder Silikon fixiert und von den Seiten mit jeweils zwei Schrauben befestigt. Der Korpus ist nun fertig.

Schritt 10
Für die Belüftungsgitter müssen in den Steg drei Löcher gebohrt werden oder alternativ mit einer Stichsäge ausgesägt werden. Zeichnen Sie jetzt das Innenmaß der Rechtecklüftung an der Rückwand ein und sägen es mit einer Stichsäge aus. Nicht zu vergessen: Ein Loch für das Lampenstromkabel bohren (vorher markieren).

Schritt 11
Nun kommen die Feinarbeiten: Vorhandene kleinere Absplitterungen oder Unebenheiten sollten Sie mit einem Schleifpapier glätten. Entfernen Sie die Sägespäne mit einem Staubsauger, und wischen Sie das Terrarium feucht aus. Jetzt ist das Schlangenheim bereit für die folgenden Lackierarbeiten. Im Innenbereich sollten mindestens drei Schichten Schutzlack aufgetragen werden. Diese vollständig austrocknen lassen.

Die Außenseite benötigt normalerweise nur einen Anstrich.

Schritt 12

Wenn die Lackierarbeiten beendet sind und das Terrarium vollständig trocken ist, können die Innenkanten mit Silikon versiegelt werden. Die Lüftungsgitter und E-Profile werden ebenfalls mit Silikon ein- bzw. aufgeklebt. Denken Sie daran, dass das höhere E-Profil (circa 10 mm tief) nach oben und das niedrigere (circa 5 mm tief) nach unten muss. Die E-Profile fixiert man am besten mit zwei Schraubzwingen mit leichtem Druck. Wenn alles ausgehärtet ist, kann die Leuchtstoffröhre eingebaut, die Glasscheiben ausgemessen und beim Glaser bestellt werden.
Sie können ohne Weiteres weitere Terrarien-Würfel übereinanderstapeln, da sie unten eine Nut und oben eine Feder haben. Die Anlage kann so mitwachsen.
Aus dem Restholz lassen sich Zwischenetagen, Ruheplätze oder Eiablagekästen bauen.

Schlusswort

Mit diesem Buch möchten wir Kornnatterhaltern ihr faszinierendes Heimtier näherbringen. Doch alles Wissen über die Kornnattern lässt sich nicht in einem Ratgeber abhandeln. Eins ist sicher: Sie lernen mit jedem Tag dazu. Denn im Laufe der Zeit werden immer wieder Fragen und Unsicherheiten auftreten. In diesem Fall können Sie sich an die zahlreichen Kornnatterprofis wenden, die ihr Terraristikwissen gerne teilen. Sie finden diese in Vereinen, in Internetforen und auf den Reptilienbörsen, die mittlerweile in ganz Deutschland stattfinden. In größeren Städten gibt es zudem regelmäßige Treffen von Kornnatternfreunden. Dort kann man beim Kornnattern-Stammtisch seine Erfahrungen austauschen und wertvolle Tipps erhalten – oder geben. Die hübsche Schlange hat auf der ganzen Welt Fans, und man ist mit seinen Fragen und Problemen nie alleine.

Wenn man diese hübsche „Mandarin“ betrachtet, weiß man, warum die Kornnatter so viele Fans hat.

Verwendete und weiterführende Literatur

KÖHLER, G. & BERG P. (2005): Kornnattern. Lebensweise, Pflege, Zucht, Erkrankungen – Offenbach, 142 S.

KREUTZ, R. (2005): Farb- und Zeichnungsstandard der Kornnatter (*Pantherophis guttatus*). – Karlsruhe, 156 S.

KUNZ, K. Die Kornnatter (2004): *Pantherophis guttatus* (*Elaphe guttata*). – Münster, 64 S.

LOVE, B. & K. (2000): The Corn Snake Manual. – Lakeside, 128 S.

LOVE, B. & K. (2005): The Comprehensive Owner's Guide. – Irvine, 240 S.

SCHMIDT, D. (2006): Miniatlas Schlangen – Ruhmannsfelden, 360 S.

SCHMIDT, D. & KUNZ K. (2005): Ernährung von Schlangen – Münster, 160 S.

SCHMIDT, D. (2000): Kornnattern und Erdnattern – Münster, 200 S.

SCHMIDT, W. Kornnattern (1995) Münster, 88 S.

SCHULZ, K.-D. (1996): Eine Monographie der Schlangengattung *Elaphe* FITZINGER – Berg (Schweiz), 460 S.

WALLS, J. G. (1996): Kornnattern im Terrarium. Ruhmannsfelden, 64 S.

Webseiten

Eine interessante Seite für alle Terrarianer ist die der Deutschen Gesellschaft für Herpetologie und Terrarienkunde, zu finden unter www.dght.de. Hier gibt es unter anderem eine Liste mit reptilienerfahrenen Tierärzten – nach Postleitzahlen sortiert.

Im Internet gibt es zahlreiche informative Schlangen-Sites. Surfen und stöbern lohnt sich. Sie finden andere Kornnatterhalter sowie Hobby- und Profizüchter. Hier nur eine Auswahl:

www.kornpedia.de
www.kornnatter.de
www.kornnatter-world.de
www.dorka.de
www.schlangengrube.de
www.schlangenwelt.de
www.terraristik-talk.de
www.reptilienboersen.de

(Der Verlag Eugen Ulmer ist nicht für den Inhalt der Homepages und deren Links verantwortlich.)